● 電気・電子工学ラ
UKE-B5

光工学入門

森木一紀

数理工学社

編者のことば

電気磁気学を基礎とする電気電子工学は，環境・エネルギーや通信情報分野など社会のインフラを構築し社会システムの高機能化を進める重要な基盤技術の一つである．また，日々伝えられる再生可能エネルギーや新素材の開発，新しいインターネット通信方式の考案など，今まで電気電子技術が適用できなかった応用分野を開拓し境界領域を拡大し続けて，社会システムの再構築を促進し一般の多くの人々の利用を飛躍的に拡大させている．

このようにダイナミックに発展を遂げている電気電子技術の基礎的内容を整理して体系化し，科学技術の分野で一般社会に貢献をしたいと思っている多くの大学・高専の学生諸君や若い研究者・技術者に伝えることも科学技術を継続的に発展させるためには必要であると思う．

本ライブラリは，日々進化し高度化する電気電子技術の基礎となる重要な学術を整理して体系化し，それぞれの分野をより深くさらに学ぶための基本となる内容を精査して取り上げた教科書を集大成したものである．

本ライブラリ編集の基本方針は，以下のとおりである．
1) 今後の電気電子工学教育のニーズに合った使い易く分かり易い教科書．
2) 最新の知見の流れを取り入れ，創造性教育などにも配慮した電気電子工学基礎領域全般に亘る斬新な書目群．
3) 内容的には大学・高専の学生と若い研究者・技術者を読者として想定．
4) 例題を出来るだけ多用し読者の理解を助け，実践的な応用力の涵養を促進．

本ライブラリの書目群は，I 基礎・共通，II 物性・新素材，III 信号処理・通信，IV エネルギー・制御，から構成されている．

書目群 I の基礎・共通は9書目である．電気・電子通信系技術の基礎と共通書目を取り上げた．

書目群 II の物性・新素材は7書目である．この書目群は，誘電体・半導体・磁性体のそれぞれの電気磁気的性質の基礎から説きおこし半導体物性や半導体デバイスを中心に書目を配置している．

書目群 III の信号処理・通信は5書目である．この書目群では信号処理の基本から信号伝送，信号通信ネットワーク，応用分野が拡大する電磁波，および

電気電子工学の医療技術への応用などを取り上げた．

　書目群IVのエネルギー・制御は10書目である．電気エネルギーの発生，輸送・伝送，伝達・変換，処理や利用技術とこのシステムの制御などである．

　「電気文明の時代」の20世紀に引き続き，今世紀も環境・エネルギーと情報通信分野など社会インフラシステムの再構築と先端技術の開発を支える分野で，社会に貢献し活躍を望む若い方々の座右の書群になることを希望したい．

　2011年9月

編者　松瀬貢規　湯本雅恵
西方正司　井家上哲史

「電気・電子工学ライブラリ」書目一覧

書目群I（基礎・共通）

1. 電気電子基礎数学
2. 電気磁気学の基礎
3. 電気回路
4. 基礎電気電子計測
5. 応用電気電子計測
6. アナログ電子回路の基礎
7. ディジタル電子回路
8. ハードウェア記述言語によるディジタル回路設計の基礎
9. コンピュータ工学

書目群II（物性・新素材）

1. 電気電子材料工学
2. 半導体物性
3. 半導体デバイス
4. 集積回路工学
5. 光工学入門
6. 高電界工学
7. 電気電子化学

書目群III（信号処理・通信）

1. 信号処理の基礎
2. 情報通信工学
3. 無線とネットワークの基礎
4. 基礎 電磁波工学
5. 生体電子工学

書目群IV（エネルギー・制御）

1. 環境とエネルギー
2. 電力発生工学
3. 電力システム工学の基礎
4. 超電導・応用
5. 基礎制御工学
6. システム解析
7. 電気機器学
8. パワーエレクトロニクス
9. アクチュエータ工学
10. ロボット工学

別巻1　演習と応用 電気磁気学
別巻2　演習と応用 電気回路
別巻3　演習と応用 基礎制御工学

まえがき

　1990年代中頃に,「光デバイス」の講義の初日に履修者を対象にして,光工学は応用物理か電気電子工学かとのアンケート調査を行ったことがある.結果は,両方ともほぼ同数であった.現在,光学は光工学(フォトニクス)の名で電気電子工学の一分野として大学教育に組み込まれている.電気磁気学がデバイス,通信,電力などの電気電子工学分野の基礎科目であるのと同様に,電気磁気学の延長線上に位置する光工学も電気電子工学の基礎科目の一翼を担っている.光通信は当然だが,情報処理,制御,デバイスの分野においても光工学の知識は欠かせない.光工学では,光の性質を理解すると共に,外部から光を制御し種々の機能を実現していく方法を学ぶことになる.本書では,高校物理および大学の一般教養で光学をすでに受講した学生を対象に,基礎から応用まで比較的幅広い内容についてまとめてある.読者にとっては新しい概念も多々含まれているだろうが,興味を持って学んで欲しい.

　本書はⅢ部からなる.まず第Ⅰ部の第2章から第7章までは光工学について述べた.前半の第2章から第4章までは波動について一般に成り立つ現象である.第5章で電気磁気学の説明をし,第6章で電磁波がベクトルであるために考慮が必要な偏光を扱った.そして第7章では波面制御素子としてレンズを扱った.したがって,第2章から第4章までは波動の連続性とエネルギー保存則を用い,第5章と第6章では電界・磁界ベクトルの関連性と電磁波の境界条件が用いられている.また,第7章ではフェルマーの原理に従ってレンズを説明した.

　第Ⅱ部の第8章から第10章までは光物性について述べた.第8章ではローレンツモデルによる屈折率を扱い,第9章では複屈折と非線形光学効果について,第10章では光吸収と発光を扱った.また,第9章では非線形光学効果を発現させるための位相整合条件についても説明した.

　第Ⅲ部の第11章から第14章までは光工学の応用分野について述べた.第11章ではレーザ,第12章では光検出器,第13章では光導波路,第14章では

まえがき

光導波路デバイスを扱った．これらは光通信工学の主要部分でもある．

　ある学生が先生に「学ぶ上で大切な心得は何ですか」と質問したところ，その先生は「何事においても諦めないこと，そして何事においても飽きないこと」と答えた．上達のためには「不撓不屈の心を持ち，慢心を慎む」ことが大切なようだ．

2015 年 2 月

森木一紀

目　　次

第1章
光工学とは　　　1
1.1　光学と中学・高校の物理　……………………………… 2
1.2　光は光線それとも波動　………………………………… 4
1.3　屈折率って何だろう　…………………………………… 7
1.4　光工学で学ぶこと　……………………………………… 9

第2章
波　動　　　11
2.1　波動の等位相面　………………………………………… 12
2.2　位 相 速 度　……………………………………………… 16
2.3　波　束　…………………………………………………… 18
2.4　群　速　度　……………………………………………… 19
2.5　波動の満たす方程式　…………………………………… 20
2.6　波動の満たす他の方程式　……………………………… 21
2.7　ホイヘンスの原理　……………………………………… 22
2章の問題　……………………………………………………… 24

目　　次　　vii

第3章

光波の回折と干渉 　　25
 3.1 線形媒質と重ね合わせの原理 …………………………… 26
 3.2 重ね合わせと干渉 ………………………………………… 27
 3.3 光波の可干渉性 …………………………………………… 29
 3.4 回折現象 …………………………………………………… 31
 3章の問題 ……………………………………………………… 34

第4章

波動の屈折と反射 　　35
 4.1 屈折率 ……………………………………………………… 36
 4.2 スネルの式（屈折の式）………………………………… 37
 4.3 反射と透過 ………………………………………………… 39
 4章の問題 ……………………………………………………… 42

第5章

光波と電気磁気学 　　43
 5.1 光波の基本方程式 ………………………………………… 44
 5.2 光波の伝搬 ………………………………………………… 45
 5.3 光波の電界ベクトルと磁界ベクトルの関係 …………… 50
 5.4 特性インピーダンス ……………………………………… 52
 5.5 光波のパワーと電磁界のエネルギー密度 ……………… 53
 5章の問題 ……………………………………………………… 54

第 6 章

光波の偏光と反射率　　　　　　　　　　　　　　55

- 6.1 偏　光 …………………………………………………… 56
- 6.2 フレネル反射 …………………………………………… 58
- 6.3 反 射 特 性 ……………………………………………… 64
- 6.4 薄膜の多重反射 ………………………………………… 68
- 6 章の問題 ………………………………………………… 70

第 7 章

レンズと結像　　　　　　　　　　　　　　　　　　71

- 7.1 光　路　長 ……………………………………………… 72
- 7.2 球面レンズと集光 ……………………………………… 74
- 7.3 結　像 …………………………………………………… 76
- 7.4 レンズの応用 …………………………………………… 80
- 7.5 波面変換素子としてのレンズ ………………………… 82
- 7 章の問題 ………………………………………………… 84

第 8 章

物質の構造と屈折率　　　　　　　　　　　　　　85

- 8.1 ローレンツ模型と屈折率 ……………………………… 86
- 8.2 複素屈折率と吸収係数 ………………………………… 92
- 8.3 複素比誘電率の周波数依存性 ………………………… 94
- 8.4 イオン分極 ……………………………………………… 97
- 8.5 屈折率の波長依存性 …………………………………… 98
- 8 章の問題 ………………………………………………… 100

目　次　　　　　　　ix

第 9 章
複屈折と非線形光学効果　　　　101
9.1 複屈折 …………………………………………………… 102
9.2 非線形光学効果 ………………………………………… 106
9.3 光波混合の物理的側面 ………………………………… 108
9 章の問題 ………………………………………………… 110

第 10 章
発光と光増幅　　　　111
10.1 高温物体の発光 ………………………………………… 112
10.2 光波と物質の相互作用 ………………………………… 117
10.3 光増幅とノイズ（自然放出） ………………………… 119
10 章の問題 ………………………………………………… 122

第 11 章
レ ー ザ　　　　123
11.1 発振の原理 ……………………………………………… 124
11.2 レーザの種類と構造 …………………………………… 130
11 章の問題 ………………………………………………… 136

第 12 章
光 検 出 器　　　　137
12.1 光検出の原理 …………………………………………… 138
12.2 光検出の感度 …………………………………………… 139
12.3 光検出の雑音 …………………………………………… 140
12.4 種々の光検出器 ………………………………………… 142
12 章の問題 ………………………………………………… 146

第13章

光 導 波 路 　　　　　　　　　　　　　　　　　　　　**147**

- 13.1 光導波路の原理 …………………………………………… 148
- 13.2 伝送モード ………………………………………………… 152
- 13.3 光導波路の伝搬特性 ……………………………………… 158
- 13章の問題 …………………………………………………… 162

第14章

光導波路デバイス 　　　　　　　　　　　　　　　　　**163**

- 14.1 光分波・合波素子 ………………………………………… 164
- 14.2 方向性結合器 ……………………………………………… 167
- 14.3 フォトニック結晶 ………………………………………… 170
- 14.4 光スイッチ ………………………………………………… 174
- 14章の問題 …………………………………………………… 177

問 題 解 答 　　　　　　　　　　　　　　　　　　　　　**178**

索　　　引 　　　　　　　　　　　　　　　　　　　　　**187**

第1章

光工学とは

　光波は電磁波である．したがって，光波の基礎方程式はマクスウェルの方程式になる．すでに読者は電気磁気学の講義を履修し，単位を習得していると想定している．電気磁気学の分かり難さは，高校数学では馴染みのないベクトル解析を用いている点にある．しかし，慣れればそれほどには難しいものではないと，読者は実感したことだろう．本テキストでは，随所で電気磁気学を用いる．電気磁気学の復習をあわせて行ってほしい．

1.1 光学と中学・高校の物理

どうして光を光線として扱わないのかと学生に聞かれたことがある．中学の物理では光を光線として扱い，レンズや凹面鏡での結像を議論している．実際にカメラなど複雑な組レンズにおいては光を光線として扱い，コンピュータを用いたシミュレーションにより設計は行われている．一方，高校の物理では光を波動として扱い，干渉や回折効果を議論している．一見異なる現象のようにみえる光線と光波だが，どちらも実験事実を説明できる．ところで，両者の違いは何だろうか．

物体に光を照射した場合，ガラスは光を透過するが，鉄は光を遮る．同じガラスでもビール瓶は茶色く，窓ガラスは透明で，厚くなると黄緑色を帯びて見える．プリズムに照射した光は7色に分かれる．これらは全て光と物質との相互作用により生じている．しかし，示す性質は物質により異なるのはなぜだろうか．

2つの物体の屈折率が等しい場合には反射も屈折も起こらない．しかし，屈折率の異なる物体に光を照射すると一部の光は反射し，残りの光は屈折するのは何故だろうか．プリズムに照射する場合には，プリズムと空気の境界で光が全反射している．全反射とは境界で光が100%反射する現象である．しかし，プリズム内で反射する光が境界の向こう側の屈折率をどのようにして検知するのだろうか．蛍光灯や電球から放出される光とレーザ光線は同じ光だが，その性質は異なっている．その違いはどこから生じているのだろうか．さらに，天体からの微弱光はどのようにして検出するのだろうか．高温に熱せられた物体の表面温度は色からなぜわかるのだろうか．夕焼けは赤く，海や地球は青いのはなぜだろうか．光で情報通信が行われているが，どのような仕組みで行われているのだろうか．

中学や高校の物理を学習して何となくわかったつもりでも，いざ質問されてみると答えに窮する事象は多い．これらを答えられるようになりたい．そんな思いを持つ人を対象にこの本を書いた．微分積分を駆使してみても，現象そのものが理解できていなければ，これらの質問に答えることはできない．

現在，光学は工学の一分野として扱われており，光工学といわれている．計測，情報処理，情報通信とその応用分野は現在も拡大し続けている．これらの分

1.1 光学と中学・高校の物理

野に関連した仕事をする場合，基礎的な光学の知識は欠かせない．しかし，学ぶべき項目は多岐にわたる．このために単に記憶力に頼るのではなく，種々の事象を関連付けて頭にしまい込むことが必要である．このような点も意識しながらこの本を書いた．

些細なことにも疑問を持ち，それを一つ一つ考えて解決していく．そんな勉強の仕方があっても良いだろう．学問への興味はこんな勉強から自然に生まれてくる．

● 考えよう

□ **1.1** 影は光の当たらないところにできるため，影の形から遮蔽する物体の形を想像することができる．その一方で，地面に投影される木漏れ日は，遮蔽する物体の形状には関係なく丸い形をしている．なぜだろうか．

□ **1.2** 通常，光線を見ることは難しいが，映画館で投射光の光線を見ることができるのはなぜだろうか．

□ **1.3** 光をプリズムに当てると一部は屈折し，残りは反射する．プリズムの屈折率の違いで反射率は変化する．光はどこで反射しているのだろうか．反射光はプリズムの中に入り込んでいるのだろうか．

□ **1.4** プリズムを通過すると，光はどうして7色に分かれるのだろうか．

□ **1.5** 紙に小さな穴を開けただけのピンホールカメラで，どうして写真が撮れるのだろうか．

1.2 光は光線それとも波動

He-Neレーザがある．これは波長633 nmの赤色光を放射するガスレーザである．低価格で取り扱いが容易なことから，多くの用途に使われている．このレーザの**光ビーム径**は1 mm程度の大きさで，100 m伝搬しても光ビーム径は約1 cmまでにしか広がらない．したがって，1 m程度の距離で行う光学実験では光ビーム径は一定とみなせる．

実験1 はじめに，この光ビームの広がりを測ってみよう．レーザから0.5 mと10 mの位置に置いた衝立上の光ビーム径を比較する．光ビーム径の大きさに印を付けて両者を比較すればよい．光ビームのわずかな広がりを確認できるはずである．この現象は光波の**回折効果**によるものである．

実験2 次に，部屋を暗くして光ビームを衝立に当てる．その衝立からの散乱光を見ると，キラキラと輝いて見える．このキラキラを**スペックル**という．光ビームの照射された面には微小な凹凸がある．この凹凸で光は散乱される．目に入る散乱光は，この凹凸のために位相の異なる光波の重ね合せになっている．位相の異なるいくつかの散乱光により網膜上に形成される**干渉パターン**がスペックルパターンである．衝立や目に振動があるために干渉パターンは常に変化する．この変化がキラキラを感じさせる原因になる．蛍光灯などの通常の干渉性のない光ではこの現象は生じない．

実験3 光ビームを衝立に照射した状態で，極小さな**ピンホール**の空いた金属板を用意して衝立の前方に置く．この穴に光ビームを通過させた後に，衝立上の光パターンを観察すると同心円状の輪が見える．この輪は，光の回折効果と**干渉効果**により生じている．

実験4 さて，この光ビームを使ってさらに光学実験を行う．まずは反射と屈折の実験である．光学部品としては三角プリズムを使う．プリズムに光を当てると光線の一部はプリズムの表面で反射し，残りは屈折してプリズムを通過後にプリズムから出射される．プリズムの角の角度はわかっているので，**屈折率**は出射角から簡単な計算によって求められる．また，光線の光パワーを**太陽電池**を用いて**光起電力**として測定することで**反射率**の測定は可能である．入射光線と反射光線の光起電力の比を取ればよい．**入射角**を変化させることで，反射率はどのように変化するかを測定できる．同様に屈折角の変化も求められる．

1.2 光は光線それとも波動

実験5 次に，カメラ撮影で使う**偏光フィルタ**，もしくは立体映画を観賞するのに用いるフィルタ眼鏡をレーザとプリズムの間に入れる．光線の入射角を**ブルースター角**といわれる角度に固定し，偏光フィルタを回転させると反射光の強度は変化する．偏光フィルタは特定の方向の電界のみを通過させる光学部品である．電界の向きの偏りを**偏光**という．偏光フィルタの回転角と反射率の関係を測定することで，偏光方向，すなわち光線の電界方向で反射率が変化する様子がわかる．

実験6 これらの実験では，光線を見ることはできない．光線の照射された場所はわかるが，光線そのものは見えない．光線を見るためには工夫が必要である．光線の通り道に線香の煙を充満させる．すると，赤い光線が確認できる．これは，光線が煙の微粒子で散乱され，**散乱光**が目に入るためである．

実験7 今度はプリズムをレンズに換える．まず，光線の軸とレンズの中心軸を一致させるように配置する．次に，光線の軸を平行移動させる．このときに，レンズによって屈折した光線とレンズの中心軸の交差する点に衝立を立てる．光線の平行移動する距離を変化させても，屈折した光線は常にこの点で交差する．この点を**レンズの焦点**という．さらに光線の向きを変えて，レンズの中心を通過するようにする．光線はレンズを通過した後に直進することがわかる．

さて，以上の実験を振り返り，光は光線か，波動かを考えてみよう．

● 考えよう

☐ **1.6** 光ビームは回折で広がる．回折とはどのような現象か説明しなさい．

☐ **1.7** スペックルは自然光では見えない．レーザ光を使った場合のみに観測できる．その理由を説明しなさい．

☐ **1.8** エッジの急峻なピンホールを通過したレーザ光を衝立上に照射すると輪が見える．そのメカニズムを説明しなさい．

☐ **1.9** 入射角度で反射率の変わる理由を説明しなさい．

☐ **1.10** 入射角度と屈折角度の関係が一意に決まる理由を説明しなさい．

☐ **1.11** ブルースター角とは何か，説明しなさい．

☐ **1.12** 偏光について説明しなさい．

☐ **1.13** レンズの集光作用について説明しなさい．

☐ **1.14** 1.2 節の実験を光線の性質の実験と波動の性質の実験とに分けなさい．また，分けた理由を説明しなさい．

☐ **1.15** TV の電波，赤外光，可視光，紫外光，さらに X 線，γ 線と電磁波には多くの名前が付けられている．我々の体は赤外線には比較的透明であり，可視光や紫外光には不透明である．X 線は肉を透過するが骨を透過しない．さらに，γ 線はほとんどの物体を透過する．同じ電磁波でありながら，なぜその性質は異なるのだろうか．説明しなさい．

1.3 屈折率って何だろう

屈折率の異なる物質に光線を照射すると，光線は屈折する．しかし，屈折は光線だけに生じる現象ではない．音波や地震波にも屈折現象は生じる．光の屈折率は，真空中を伝搬する光速を媒質中の光速で割った値で定義されている．したがって，波動の屈折は速度差のある媒質間で生じると考えることができる．表 1.1 に色々な物質の屈折率をみてみる．

表 1.1 種々の気体の総電子数と屈折率

物質	化学式	総電子数	外殻電子数	屈折率
水素	H_2	2	2	1.000132
窒素	N_2	14	10	1.000296
酸素	O_2	16	12	1.000271
塩素	Cl_2	34	14	1.000773
一酸化炭素	CO	14	10	1.000340
二酸化炭素	CO_2	22	16	1.000449
水蒸気	H_2O	10	8	1.000249
アンモニア	NH_3	10	8	1.000373
一酸化窒素	NO	15	11	1.000516
硫化水素	SH	17	7	1.000644
亜硫酸	SO_3	32	18	1.000686
塩化水素	HCl	18	8	1.000447

屈折率は分子中の電子数との関連性がうかがえる．図 1.1 には分子内の総電子数と屈折率の関係をプロットした．相関係数は 0.675 になっている．

光は電磁波である．光を照射すると，この電磁波で物質中の荷電粒子が振動する．この荷電粒子の振動が光である電磁波に影響を及ぼし，その結果，光の速度は変化すると考えられないだろうか．もしそうだとすれば，電磁波による荷電粒子の振動と，振動する荷電粒子からの電磁波の発生の説明が屈折率の発現メカニズムの理解には必要になる．

もう一度図 1.1 を見てみると，屈折率は単純に総電子数に比例してはいない．これは，原子の周囲を回る電子は，その軌道により外部の電磁界に対する振舞いが異なることが理由と考えられる．また，形成される分子の形態によっても振舞いが異なることも想像できる．しかし，傾向としては電子数の増加に伴い，屈折率は増加している．このことは，荷電粒子の振動モデルが 1 次近似として

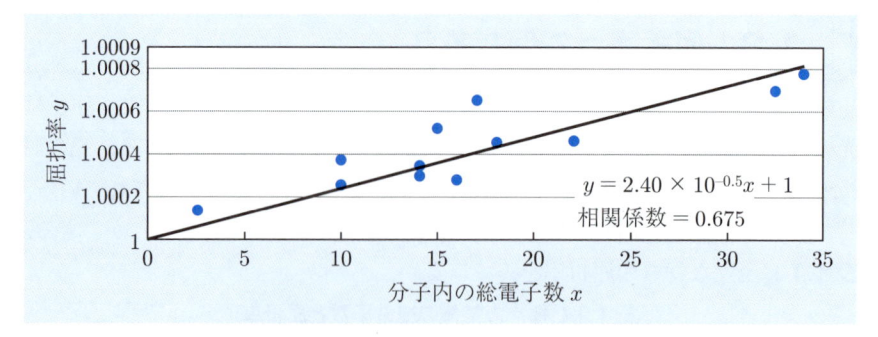

図 1.1　気体の屈折率と分子内の総電子数

妥当であることを示している．

　高校までの物理では屈折率は電界の強度にかかわらず一定として考えてきた．しかし，実際には電界強度の関数になっている．マクスウェルの方程式は，電界と磁界に対して 1 次微分の式である．その式の物質パラメータは誘電率と透磁率である．仮にこれが定数の場合，光の電磁界は他の電界や磁界で物質パラメータを通して制御することはできない．しかし，誘電率が電界強度に依存した物質，すなわち**非線形材料**を用いたならば，高調波光の発生や，増幅，位相変化の制御などが可能になる．光機能素子を形成する場合には屈折率の電界強度依存性を利用する．

● 考えよう ●

□ **1.16**　温度 300 K において，気体 1 mol の体積は 22.4 L である．一方，液体の密度は，おおよそ $1\,\mathrm{g\cdot cm^{-3}}$ である．たとえば，分子量 10 の気体の密度と液体の密度を比較すると液体の方が 2 千倍大きくなる．このために屈折率を n とすると，液体の $n-1$ は気体に比べて 2 千倍に大きくなると期待できる．液体状態での水の屈折率は 1.33 である．上記の推定が当てはまるかどうかを確認しなさい．

□ **1.17**　混合ガスの屈折率はそれぞれのガスの屈折率の組成比で決まる．表 1.1 の値から空気の屈折率を推定しなさい．実際の空気の屈折率の測定値は 1.000294 である．

□ **1.18**　一酸化炭素と酸素を反応させることで二酸化炭素を合成できる．
$$2\mathrm{CO} + \mathrm{O_2} \longrightarrow 2\mathrm{CO_2}$$
これは，一酸化炭素 2 mol と酸素 1 mol から二酸化炭素 2 mol が形成できることを示している．表 1.1 の値を用いて組成比から二酸化炭素の屈折率を推定しなさい．推定値は表の二酸化炭素の屈折率と異なる．その理由を説明しなさい．

1.4 光工学で学ぶこと

　光工学の応用分野で最も広い分野は光通信だろう．光源の**半導体レーザ**が発振に成功したのは 1962 年であり，室温での連続発振に成功したのは 1970 年である．一方，現在の**光ファイバ**の構造が考案されたのは 1958 年頃であり，$20\,\mathrm{dB\cdot km^{-1}}$ の低損失化に成功したのは 1970 年である．この 1970 年が光通信元年にあたる．本格的な技術開発はこれ以降に始まっている．光ファイバの低損失化，寿命改善，波長分散の制御と工夫や改良が行われ，半導体レーザの低駆動電流化，長寿命化，発振モード制御，発振波長の制御と次々に技術課題が克服されている．また同時期に，高速度変調器，光スイッチ，分波合波器，光アイソレータ，光アンプなどの開発が次々に行われた．これらの結果，現在，$40\,\mathrm{Gb\cdot s^{-1}}$ の高速度光パルスが海底ケーブルを通して太平洋を横断している．海底ケーブルの長さは 10,000 km に及ぶ．

　一方，半導体集積回路への光技術の応用も検討されている．電気信号を送るための金属配線はコンデンサを形成するため，電気信号の伝送遅延が生じる．素子の微細化に伴い，配線遅延が処理速度の上限を決める．そこで，この配線遅延を低下させる目的で光による配線が試みられている．また，データのビット数の増加により IC の出力ピン数も増加しているために，回路基板との接続も困難になり始めている．この接続に光を利用する方法も検討されている．さらに，回路基板内の配線にも**光配線**を用いる検討も行われている．

　屈折率の高い半導体を光導波路に用いることで，小型な光素子の実現ができる．さらに，2 次元または 3 次元の規則的構造を設けた**フォトニック結晶**を用いることで，種々の光機能を持つ素子の実現もできる．これらを組み合わせた**光 IC** の検討も行われている．

　ところで，病院などの医療施設では医療機器を誤作動させる可能性から携帯電話の使用を制限している．同様の理由で航空機での使用も制限されている．これら，電波が使えない環境などでの**可視光通信**が検討されている．

第1章 光工学とは

● 考えよう ●

☐ **1.19** レーザとは何か．簡単に説明しなさい．

☐ **1.20** レーザの発振メカニズムを説明しなさい．

☐ **1.21** 半導体レーザの室温での連続発振が成功した技術的イノベーションは何か．

☐ **1.22** 光通信に半導体レーザが用いられる理由を述べなさい．

☐ **1.23** 光ファイバが低損失になった技術的イノベーションは何か．

☐ **1.24** なぜ光ファイバ通信が普及したのか，その理由を説明しなさい．

☐ **1.25** 太平洋を横断する光通信ケーブルに用いられている重要技術を述べなさい．

☐ **1.26** 集積回路の電気配線を光配線に置き換える際の技術的ネックは何かを述べなさい．

☐ **1.27** どのくらい短い光パルスの発生が可能か，その超短パルスは何に利用されているかを述べなさい．

☐ **1.28** いわゆる電波（ギガヘルツ帯）を使わない携帯電話は可能か，あなたの考えを述べなさい．

☐ **1.29** フォトニック結晶をどのように利用しようとしているかを調べなさい．

☐ **1.30** 光メモリは可能か，あなたの考えを述べなさい．

　さて，どのくらいの数の疑問に答えられただろうか．これらの問に関してはあえて解答は示さない．本テキストを学び終わってから，再度これらの問題を考えて欲しい．

第2章

波　動

　電気回路では，電圧や電流を時間の関数として扱った．しかし，波動の場合には波形は位置によっても変わる．このために，波動は時間と位置の関数として表現される．電気回路では時間と角周波数の積を位相として学んだ．さて，波動ではどのように位相は定義されるのだろうか．本章ではこの位相を通して波動を理解する．

2.1 波動の等位相面

2.1.1 波動を表す式

時間 t で振動する波の振幅は

$$g(t) = g(\omega t)$$

と表される．ここで，$\omega = 2\pi f$ [rad·s^{-1}] を**角周波数**，ωt [rad] を**時間位相**という．同様に，座標 z で振動する波は

$$h(z) = h(kz)$$

と表される．ここで，$k = \frac{2\pi}{\lambda}$ [rad·m^{-1}] を**空間周波数**，kz [rad] を**空間位相**という．

時間 t で座標 z 方向に伝搬する波動は次式で表される．

$$f(t,z) = f(\omega t \mp kz) \tag{2.1}$$

ここで，$\omega t \mp kz$ を**位相**という．すなわち，波動の位相は

$$位相 = 時間位相 + 空間位相$$

で表す．たとえば

$$f(t,z) = A\sin(\omega t \mp kz)$$
$$f(t,z) = B\exp\{j(\omega t \mp kz)\}$$

である．ここで，j は虚数単位とする．

3 次元空間を伝搬する波動も同様に考えることができる．この場合，空間位相は 3 次元位置ベクトル $\boldsymbol{r} = (x, y, z)$ と 3 次元の**空間周波数ベクトル**

$$\boldsymbol{k} = \left(\tfrac{2\pi}{\lambda_x}, \tfrac{2\pi}{\lambda_y}, \tfrac{2\pi}{\lambda_z}\right)$$

の内積で表すことになる．位相 $\phi(t, x, y, z)$ は

$$\begin{aligned}\phi(t,\boldsymbol{r}) &= \omega t \mp \boldsymbol{k}\cdot\boldsymbol{r} \\ &= \omega t \mp \left(\tfrac{2\pi x}{\lambda_x} + \tfrac{2\pi y}{\lambda_y} + \tfrac{2\pi z}{\lambda_z}\right)\end{aligned} \tag{2.2}$$

と表される．したがって，3 次元空間を伝搬する波動は

$$\begin{aligned}f(t,\boldsymbol{r}) &= f\bigl(\phi(t,\boldsymbol{r})\bigr) \\ &= f(\omega \mp \boldsymbol{k}\cdot\boldsymbol{r})\end{aligned} \tag{2.3}$$

で表される．

2.1.2 平面波と等位相面

3次元空間を伝搬する波動において，任意の3次元座標 r_1, r_2 の空間位相 ϕ が等しいとする．この場合，式 (2.2) より次式が成り立つ．

$$\mp(\phi - \omega t) = \boldsymbol{k} \cdot \boldsymbol{r}_1 = \boldsymbol{k} \cdot \boldsymbol{r}_2 \tag{2.4}$$

右側の等式 より

$$\boldsymbol{k} \cdot (\boldsymbol{r}_1 - \boldsymbol{r}_2) = 0 \tag{2.5}$$

この式より，3次元ベクトル $\boldsymbol{r}_1 - \boldsymbol{r}_2$ は空間周波数ベクトル $\boldsymbol{k}$ に垂直な平面上にあることがわかる．すなわち，空間位相 ϕ が一定の面は $\boldsymbol{k}$ に垂直な面を形成する（図 2.1）．この面を**等位相面**といい，このように等位相面が平面となる波動を**平面波**という．

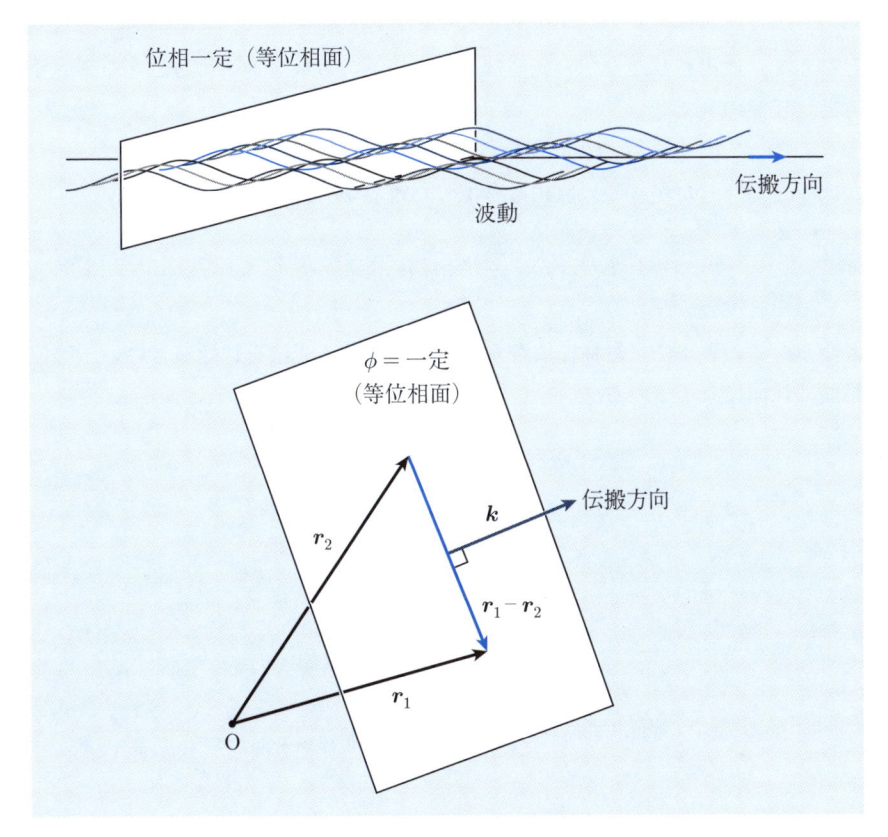

図 2.1 波動の等位相面

2.1.3 球面波

光波が 1 点から 3 次元空間を全方位に放出される場合を**点光源**という．点光源から放出されるパワー I_0 の光波の伝搬を考える（図 2.2）．放出される光波は点対称に広がる．したがって，位相 ϕ は放出点からの距離 r と空間周波数 k_r を用いて次式により表せる．

$$\phi(t, r) = \omega t - k_r r \tag{2.6}$$

ただし，$k_r = \frac{2\pi}{\lambda}$ とする．

いま，電界 $\boldsymbol{E}(t, r)$ を考える．単位面積あたりの光パワーは電界の 2 乗に比例する．したがって，半径 r の球面を通過する全光パワー $I(r)$ は次式で表される．

$$I(r) \propto \left|\boldsymbol{E}(t, r)\right|^2 \times 4\pi r^2 \tag{2.7}$$

ところで，放出された全ての光波はこの半径 r の球面を通過することを考慮すると，任意の r で

$$I(r) = I_0 \propto \left|\boldsymbol{E}_0\right|^2 \quad (=\text{一定})$$

が成り立つ．したがって，位相も考慮した電界 $\boldsymbol{E}(t, r)$ は

$$\boldsymbol{E}(t, r) = \frac{\boldsymbol{E}_0}{r} \exp\{j(\omega t - k_r r)\} \tag{2.8}$$

となる．このように点対称に広がりながら伝搬する光波を**球面波**といい，等位相面は球面になっている．

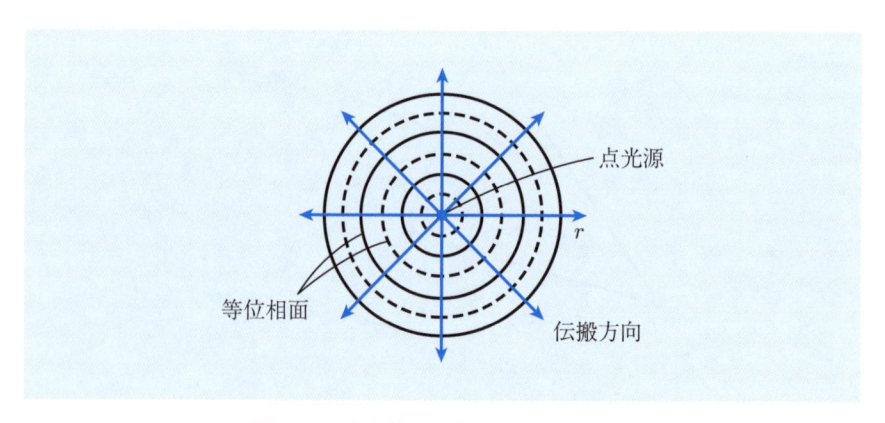

図 2.2 点光源から放出される球面波

例題 2.1
等位相面 $\phi(t, \boldsymbol{r})$ に垂直な単位ベクトルを求めなさい.

【解答】 ベクトルの勾配の定義式から
$$d\phi = \operatorname{grad} \phi \cdot d\boldsymbol{r}$$
ここで, $d\boldsymbol{r}$ を等位相面内に取ると
$$\phi(t, \boldsymbol{r}) = \phi(t, \boldsymbol{r} + d\boldsymbol{r})$$
すなわち
$$d\phi = 0$$
これより
$$\operatorname{grad} \phi \cdot d\boldsymbol{r} = 0$$
が成り立つ. $\operatorname{grad} \phi$ は等位相面に垂直になる. したがって, 単位ベクトルは
$$\frac{\operatorname{grad} \phi}{|\operatorname{grad} \phi|}$$
となる. ∎

例題 2.2
空間周波数ベクトル $\boldsymbol{k}$ に垂直な平面波の波面を求めなさい.

【解答】 原点を基準にし, 等位相面内の 2 点の位置ベクトルを $\boldsymbol{r}, \boldsymbol{r}_0$ と取る. ただし $\boldsymbol{r}_0$ は定数, $\boldsymbol{r}$ は変数とする. ベクトル $\boldsymbol{r} - \boldsymbol{r}_0$ はベクトル $\boldsymbol{k}$ に垂直である. したがって, 求める平面の式は
$$\boldsymbol{k} \cdot (\boldsymbol{r} - \boldsymbol{r}_0) = 0$$
になる. ∎

2.2 位相速度

波動の伝搬速度を考える．波動はエネルギーの伝搬であるから，媒体は振動しているだけで移動はしない．そこで，波の山や谷に注目し，この山や谷が単位時間にどの程度の距離を移動するかにより速度を決めることにする（図 2.3）．すなわち，波動の速度は以下のように定義できる．

> 波動の速度（位相速度）＝ 等位相面の移動速度

ここで，等位相面を考える．
$$\phi(t, z) = \omega t \mp kz$$
$$= \text{const.} \tag{2.9}$$

これを時間で微分する．
$$\frac{\partial \phi}{\partial t} = \omega \mp k \frac{dz}{dt}$$
$$= 0 \tag{2.10}$$

これより，等位相面の移動速度，すなわち速度は次式になる．

$$v_\mathrm{p} = \frac{dz}{dt} = \pm \frac{\omega}{k} = \pm \lambda f \tag{2.11}$$

このように定義される速度 v_p [m·s^{-1}] を**位相速度**という．正負の符号は伝搬の向きを表す．位相速度はエネルギーを伝搬する方向の速度とは限らないために，真空中の光速 c よりも大きくなる場合もある．

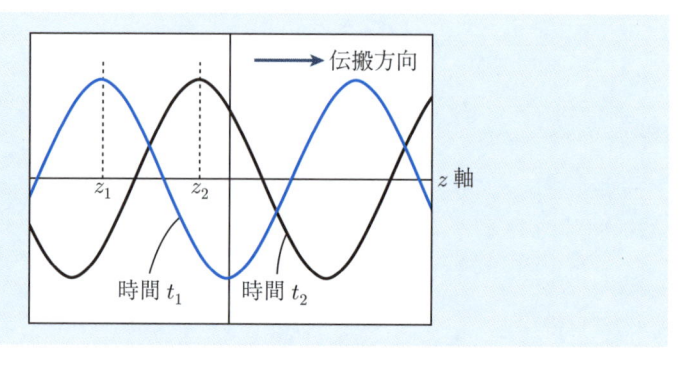

図 2.3 波動の位相速度

例題 2.3

真空中の光速よりも位相速度が速くなる例を示しなさい.

【解答】 いま，2次元の座標 (x, y) を考える．この座標軸上に空間周波数ベクトル $\boldsymbol{k}$ を取る．この x 軸方向，y 軸方向の成分を k_x, k_y とすると

$$\boldsymbol{k} = (k_x, k_y)$$

と表せる．三角形の3辺の大小関係より

$$|\boldsymbol{k}| > |k_x|, |k_y|$$

が成り立つ．したがって，x 軸方向，y 軸方向の位相速度を考えると

$$\frac{\omega}{k_x}, \frac{\omega}{k_y} > \frac{\omega}{k} = c$$

が成り立つ．つまり，x 軸方向，y 軸方向の位相速度 $\frac{\omega}{k_x}, \frac{\omega}{k_y}$ は光速 c を超える． ■

● 光は波動かそれとも光線か ●

波動を

$$f(t, \boldsymbol{r}) = f_0(\boldsymbol{r}) \exp(-j\phi(\boldsymbol{r})) \exp(j\omega t) \qquad ①$$

と表した場合，空間位相 $\phi(\boldsymbol{r})$ はどのような関数になるのだろうか．章末問題 2.4 で $\mathrm{grad}(\phi(\boldsymbol{r})) = \boldsymbol{k}$ の関係が成り立つことを示した．ここで，空間周波数ベクトル $\boldsymbol{k}$ は光波の進行方向のベクトル，すなわち光線の方向である．$\phi(\boldsymbol{r})$ の満たす式から光線の式は導出できそうである．

マクスウェルの方程式に式①を代入すると，$\phi(\boldsymbol{r})$ の満たす式は

$$\{\mathrm{grad}(\phi(\boldsymbol{r}))\}^2 = (n(\boldsymbol{r})\boldsymbol{k}_0)^2 \qquad ②$$

となる．ここで $\boldsymbol{k}_0$ は真空中での空間周波数である．この式から光線方程式

$$\frac{d}{ds}(n(\boldsymbol{r})\boldsymbol{s}) = \mathrm{grad}(n(\boldsymbol{r})), \quad \boldsymbol{s} = \frac{\mathrm{grad}(\phi(\boldsymbol{r}))}{|\mathrm{grad}(\phi(\boldsymbol{r}))|}$$

は導出される．これらの式で空間位相 $\phi(\boldsymbol{r})$ は**アイコナール**とも呼ばれ，式②を**アイコナール方程式**という．

光線方程式は波動方程式から出発し，アイコナール方程式を介して導かれる．この一連の導出では，波長を無限小と近似している．すなわち，光を波動で扱うか，光線で扱うかは光学素子が波長に比較して十分に大きいかどうかで決まる．たとえば，波長 $1\,\mu\mathrm{m}$ の光に対して直径 $1\,\mathrm{cm}$ のレンズの場合には光線として扱うことが可能であり，$10\,\mu\mathrm{m}$ のスリットを通り抜ける場合には波動として扱う必要がある．

2.3 波束

正弦波の位相速度は前節に述べたように，式 (2.11) で定義できる．しかし，等位相面を特定することは可能だろうか．一瞬でも波動から目を離すと，どの山や谷を注視していたかわからなくなってしまう．これは，正弦波が情報を持っていないからである．ここでは単パルス波を考えてみる．この場合，パルスの山に注目すると，目を離しても再度パルス波を追うことができる．これは，特徴，すなわち情報が波動に付加されているからである．

単パルス波をフーリエ級数展開すると多くの正弦波，余弦波の重なりで形成されていることがわかる．このような波の束を**波束**という．波動は波束として情報を載せることができる．そこで波動による情報の伝送速度を考えてみる．

話を見えやすくするために，まず，波束の位相 ϕ のみを考える．

$$\phi(t,z) = \sum_{\Delta\omega} \{(\omega_0 + \Delta\omega)t \mp k(\omega_0 + \Delta\omega)z\} \tag{2.12}$$

この式は，角周波数 ω_0 の基本波に角周波数が $\Delta\omega$ 異なる波動が多数重ね合わされて波束が形成されていることを意味している．波長 λ は角周波数 ω により異なるために空間周波数 k を ω の関数として表現した．ここで，$k(\omega_0 + \Delta\omega)$ を $\Delta\omega$ の 1 次項までテイラー展開する．

$$\begin{aligned}\phi(t,z) &\cong \sum_{\Delta\omega} \left\{(\omega_0 + \Delta\omega)t \mp \left(k(\omega_0) + \frac{\partial k}{\partial \omega}\Big|_{\omega=\omega_0}\Delta\omega\right)z\right\} \\ &= (\omega_0 t \mp k(\omega_0)z) + \sum_{\Delta\omega} \left\{\Delta\omega\left(t \mp \frac{\partial k}{\partial \omega}\Big|_{\omega=\omega_0}z\right)\right\} \\ &= \phi_0(t,z) + \Delta\phi(t,z)\end{aligned} \tag{2.13}$$

したがって，波束は次式で表せる．

$$f(t,z) = f(\phi(t,z)) = f(\phi_0(t,z) + \Delta\phi(t,z)) \tag{2.14}$$

指数関数を用いて考えると次式になる．

$$f(t,z) = f_0 \exp(j\Delta\phi(t,z))\exp(j\phi_0(t,z)) \tag{2.15}$$

これは，位相 $\phi_0(t,z)$ の波に位相 $\Delta\phi(t,z)$ の包絡関数が重畳された波動となっている（図 2.4）．この波束の形状は位相 $\Delta\phi(t,z)$ の包絡関数である．波が $f(t) = A(t)\exp(j\omega t)$ と表される場合，ゆっくりと変化する振幅 $A(t)$ を振動波の**包絡関数**という．

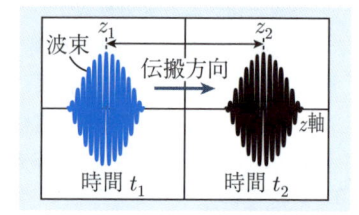

図 2.4 波束の群速度

2.4 群速度

波束の速度は波動の速度と同じ定義を用いる.

> 波束の速度（群速度）＝ 包絡関数の等位相面の移動速度

式 (2.13) を用いて波束の速度を求める.

$$\Delta\phi(t,z) = \sum_{\Delta\omega} \left\{ \Delta\omega \left(t \mp \frac{\partial k}{\partial \omega}\big|_{\omega=\omega_0} z \right) \right\}$$
$$= \text{const.} \tag{2.16}$$

同様に時間で微分することにより

$$\frac{\partial \Delta\phi(t,z)}{\partial t} = \sum_{\Delta\omega} \left\{ \Delta\omega \left(1 \mp \frac{\partial k}{\partial \omega}\big|_{\omega=\omega_0} \frac{dz}{dt} \right) \right\}$$
$$= 0 \tag{2.17}$$

したがって

$$1 \mp \frac{\partial k}{\partial \omega}\big|_{\omega=\omega_0} \frac{dz}{dt} = 0 \tag{2.18}$$

波束の速度は

$$v_\text{g}(\omega_0) = \frac{dz}{dt}$$
$$= \pm \frac{\partial \omega}{\partial k}\big|_{\omega_0} \tag{2.19}$$

となる. この速度 v_g [m·s^{-1}] を**群速度**という. これは波動が情報やエネルギーを伝搬する速度であり, 真空中の光速 c を超えることはない.

2.5 波動の満たす方程式

式 (2.1) を時間微分する．

$$\frac{\partial^2 f(t,z)}{\partial t^2} = -\omega^2 f(t,z) \tag{2.20}$$

同様に空間微分する．

$$\frac{\partial^2 f(t,z)}{\partial z^2} = -k^2 f(t,z) \tag{2.21}$$

これらと位相速度の式 (2.11) を用いると

$$\frac{\partial^2 f(t,z)}{\partial z^2} = \frac{1}{v_p^2} \frac{\partial^2 f(t,z)}{\partial t^2} \tag{2.22}$$

が得られる．これを 3 次元に拡張すると

$$\frac{\partial^2 f(t,r)}{\partial x^2} + \frac{\partial^2 f(t,r)}{\partial y^2} + \frac{\partial^2 f(t,r)}{\partial z^2} = \frac{1}{v_p^2} \frac{\partial^2 f(t,r)}{\partial t^2} \tag{2.23}$$

すなわち

$$\nabla \cdot \nabla f(t,x,y,z) = \frac{1}{v_p^2} \frac{\partial^2 f(t,x,y,z)}{\partial t^2} \tag{2.24}$$

となる．ただし，$|\boldsymbol{k}|^2 = k_x^2 + k_y^2 + k_z^2$ の関係を用いた．式 (2.22)，式 (2.23) を**波動方程式**という．

もう少し話を拡張する．仮に局所的な速度が位置で変化した場合には，波動方程式はどのようになるだろうか．いま，物質のない真空中の速度を v_0 として，物質中の速度を $v_p(x,y,z)$ とする．この両者の比を $n(x,y,z)$ と置く．すなわち

$$n(x,y,z) = \frac{v_0}{v_p(x,y,z)} \tag{2.25}$$

とする．式 (2.24) は

$$\nabla \cdot \nabla f(t,x,y,z) = \frac{n^2(x,y,z)}{v_0^2} \frac{\partial^2 f(t,x,y,z)}{\partial t^2} \tag{2.26}$$

となる．

2.6 波動の満たす他の方程式

$\frac{\omega}{k} = v_\mathrm{p}$ にド・ブロイの関係（エネルギー：$E = \hbar\omega$ [J], 運動量：$P = \hbar k$ [N·s]）を代入すると，$\frac{E}{P} = \frac{\hbar\omega}{\hbar k} = v_\mathrm{p}$ になる．したがって

$$E = v_\mathrm{p} P \tag{2.27}$$

が成り立つ．一方，式 (2.19) の $\frac{d\omega}{dk} = v_\mathrm{g}$ にド・ブロイの関係を用いると $\frac{dE}{dP} = \frac{d\omega}{dk} = v_\mathrm{g}$ になる．ここで

$$P = m v_\mathrm{g} \tag{2.28}$$

が成り立つと仮定すると

$$E = \frac{1}{2m} P^2 \tag{2.29}$$

が得られる．位相速度か群速度かにより，式 (2.27) と式 (2.29) の 2 種類のエネルギーと運動量の関係式が出てきた．両者では何が違うのだろうか．式 (2.28) の両辺を時間微分すると次式になる．

$$F = m\alpha \tag{2.30}$$

F [N] は力，α [m·s^{-1}] は加速度，m は慣性質量である．慣性質量を用いて式 (2.28) を定義できるかどうかでエネルギーと運動量の関係は変わる．

さて，式 (2.11) から $\omega^2 = v_\mathrm{p}^2 k^2$ が成り立つ．これを用いて波動の式 (2.22) を導出した．それでは，式 (2.29) から導出できる波動関数はどのようなものだろうか．式 (2.1) を時間と空間で微分すると

$$\frac{\partial f(t,z)}{\partial t} = j\omega f(t,z) \tag{2.31}$$

$$\frac{\partial^2 f(t,z)}{\partial z^2} = -k^2 f(t,z) \tag{2.32}$$

これらを式 (2.29) に代入する．このときにド・ブロイの関係を考慮すると式 (2.29) は $\hbar\omega = \frac{1}{2m}\hbar^2 k^2$ となり

$$j\hbar \frac{\partial f(t,z)}{\partial t} = -\frac{\hbar^2}{2m} \frac{\partial^2 f(t,z)}{\partial z^2} \tag{2.33}$$

の関係式が導出できる．

式 (2.28) の仮定が成り立つか成り立たないかで，波動方程式は式 (2.22) に従うか，式 (2.33) に従うかが決まることになる．慣性質量（静止質量）を仮定できない電磁波や音波は式 (2.22) に従う．しかし，電子波は慣性質量を仮定でき，式 (2.33) に従う．この式は**シュレーディンガー**の**波動方程式**といわれ，量子力学の基礎式である．

2.7 ホイヘンスの原理

「ある瞬間の波面のそれぞれの点を起点として，波長も振動数も等しい新たな多数の球面波が形成されると考える．これら一連の球面波に接する前方の面が次のある瞬間の波面を形成する．」

ホイヘンスは実験からこのような波の伝搬モデルを考え出した．これは，マクスウェルが電磁波の存在を予言する 1864 年から，約 190 年も前の 1678 年のことである．高校で，スリットを通過する波動の回折の様子をコンパスを用いて紙上に作図した経験のある人も多いだろう．次から次に波面を描くことが可能だ．この波面から，回折の様子をうかがい知ることができる．しかし，波面の 1 点から球面波が形成されるのならば，後ろ向きに進む波動の波面が形成されるはずだと疑問に思った人もいるだろう．現実には前向きの波しか存在しないにもかかわらず，後ろ向きの波動の波面を描くことは可能である．上記の**ホイヘンスの原理**では「前方の面」と条件を入れている．では，後方の面はどうなったのだろうか．その答えは，「干渉して消えてなくなる．」となる．以下，そのことを説明する．ただし，数学的な厳密性はない．

説明するための 1 次元のモデルを考える．まず，空間周波数 k の波が進む方向を z 軸とする．z 軸上に離して 2 点 O $(z=0)$ と B $(z=z_B)$ を取る（**図 2.5**）．いま，考えている波面を点 A $(z=z_A, 0<z_A<z_B)$ とする．この波面は点 O から放出された後，どのような経路で形成されたかは問わない．点 O から点 A までの経路長を $L+z_A$ とする．すなわち，長さ L が形成される球面波が前後

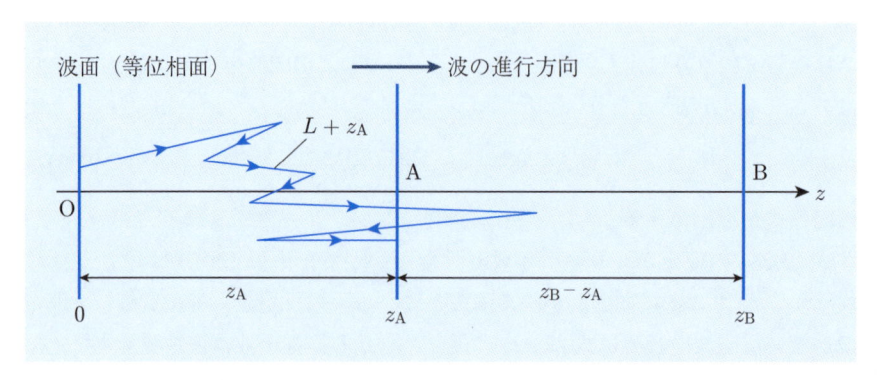

図 2.5　波動の波面形成（ホイヘンスの原理）

2.7 ホイヘンスの原理

したために生じた過剰な経路である．さて，この点 A から新たな球面波が形成される．この点 A から次々に前方に球面波を形成して点 B に到達すると考える．この場合，点 A から点 B まで波面の伝搬する最短経路長は $z_B - z_A$ である．点 A は任意の点であるから，点 O から点 A を経て点 B に至る経路長は

$$L + z_A + z_B - z_A = z_B + L$$

となる．一方，点 A から点 O に戻る経路長は同様に $2z_A + L$ となる．取り得る全ての点 A について加え合わせて，点 B の波面 ψ_B および点 O の波面 ψ_O は形成される．したがって

$$\psi_B = f \exp(-jkz_B) + \int_0^\infty f \exp(-jk(L))\, dL$$
$$= f \exp(-jkz_B) \tag{2.34}$$
$$\psi_O = \int_0^{z_B} f \exp(-jk2z_A)\, dz_A + \int_0^\infty f \exp(-jk(L))\, dL$$
$$= 0 \tag{2.35}$$

となり，最短経路で進む前進波のみが残る．それ以外の経路の波動は任意の位相で加え合わされるために打ち消し合って消滅する．

例題 2.4
波長 1 cm の平面波が間隔 2 cm のスリットを持つ衝立に垂直に入射している．この衝立面と同一面上に波面があるとして，4 波長分の波面を作図で求めなさい．

【解答】

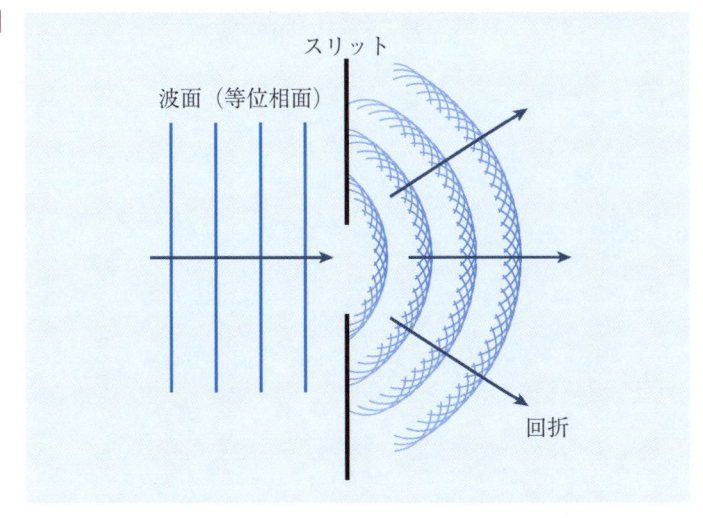

図 2.6 スリットを通過した波動の波面の作図

2章の問題

□ **2.1** 位相速度 v_p は $v_\mathrm{p} = \frac{\omega}{k}$ と表せることを説明しなさい．

□ **2.2** 半導体工学では電子や正孔の質量 m を特に何というか．

□ **2.3** 点 A から点 B に向かって光線が照射されている．点 A と点 B を結ぶ直線上に鏡を置いた場合，光線の光路を作図しなさい．

□ **2.4** 光波の位相を ϕ とした場合，光波の空間周波数ベクトル $\boldsymbol{k}$ と位相の傾き $\mathrm{grad}\,\phi$ の関係を示しなさい．

第3章
光波の回折と干渉

　波動の性質として重要なものは，干渉と回折である．逆に，干渉と回折が観察される物は波動であるといえる．ここでは，重ね合わせの原理と干渉性，回折効果を議論する．干渉性に関しては時間的，空間的干渉性の大小を議論するために相関関数を導入して，コヒーレンスの概念を説明する．また，回折に関してはキルヒホフの回折理論を議論する．この際に，高校で学んだホイヘンスの原理についても検討する．

3.1 線形媒質と重ね合わせの原理

関数 $f(x)$ が
$$f(ax + by) = af(x) + bf(y) \tag{3.1}$$
と重ね合わせの原理が成立する場合，関数 $f(x)$ を**線形関数**という．同様に誘電率 ε の媒質中での電界ベクトル $\boldsymbol{E}_1, \boldsymbol{E}_2$ があり，両電界による電束密度 $\boldsymbol{D}$ が
$$\boldsymbol{D} = \varepsilon \boldsymbol{E}_1 + \varepsilon \boldsymbol{E}_2 = \boldsymbol{D}_1 + \boldsymbol{D}_2 \tag{3.2}$$
と表される場合，電界に対して線形な媒質という．

一方で，非線形媒質の例として誘電率 ε が電界の関数の場合を考える．
$$\boldsymbol{D}_1 = \varepsilon_0(\boldsymbol{E}_1 + \chi^{(1)}\boldsymbol{E}_1 + \chi^{(2)}\boldsymbol{E}_1^2 + \chi^{(3)}\boldsymbol{E}_1^3 + \cdots) \tag{3.3}$$
$$\boldsymbol{D}_2 = \varepsilon_0(\boldsymbol{E}_2 + \chi^{(1)}\boldsymbol{E}_2 + \chi^{(2)}\boldsymbol{E}_2^2 + \chi^{(3)}\boldsymbol{E}_2^3 + \cdots) \tag{3.4}$$
このとき，電界 $\boldsymbol{E}_1, \boldsymbol{E}_2$ の合成電界 $\boldsymbol{E} = \boldsymbol{E}_1 + \boldsymbol{E}_2$ が存在する場合
$$\begin{aligned}\boldsymbol{D} = \varepsilon_0 \big\{ & (1 + \chi^{(1)})(\boldsymbol{E}_1 + \boldsymbol{E}_2) \\ & + \chi^{(2)}(\boldsymbol{E}_1 + \boldsymbol{E}_2)^2 + \chi^{(3)}(\boldsymbol{E}_1 + \boldsymbol{E}_2)^3 + \cdots \big\} \\ \neq\ & \boldsymbol{D}_1 + \boldsymbol{D}_2 \end{aligned} \tag{3.5}$$
となり，線形ではなくなる．ここで $\chi^{(1)}$ を **1 次の比電気感受率**，$\chi^{(2)}$ を **2 次の比電気感受率**，$\chi^{(3)}$ を **3 次の比電気感受率**という．光は電磁波である．電磁波は重ね合わせの原理が成り立つ．このことは当然のことのように考えるだろう．しかし，強い光の場合には物質の誘電率や透磁率は電界と磁界の関数となり，重ね合わせの原理は成り立たない．

例題 3.1
自然現象で重ね合わせの原理が成り立たない例を挙げなさい．

【解答】 (a) 抵抗体（抵抗 R）で消費する電力 P と抵抗体に流す電流値 I には
$$P = RI^2$$
の関係がある．たとえば，電流を 2 倍にすると消費電力は 4 倍になる．

(b) 抵抗体がその発熱によりその抵抗率を変化させる場合には，オームの法則
$$V = RI$$
は成り立たない．このため，電圧を 2 倍にしても電流は 2 倍にならない．

3.2 重ね合わせと干渉

光波は重ね合わせにより干渉縞を生じる．しかし，電球や蛍光灯の光を重ね合わせても干渉縞をみることはできない．干渉とはどのような現象なのかを考えてみる．干渉の度合いを**コヒーレンス**という．まず，数学的な準備から始める．

関数 $f_1(t)$ と $f_2(t)$ の**相互相関関数** $C_{f_1 f_2}(\tau)$ は以下のように定義される．

$$C_{f_1 f_2}(\tau) = \lim_{T \to \infty} \frac{1}{2T} \int_{-T}^{T} f_1(t) f_2^*(t+\tau)\, dt \tag{3.6}$$

f_2 の複素共役を f_2^* で表す．たとえば

$$f_1(t) = A_1 \exp\bigl(j\omega_1 t + j\phi_1(t)\bigr) \tag{3.7}$$

$$f_2(t) = A_2 \exp\bigl(j\omega_2 t + j\phi_2(t)\bigr) \tag{3.8}$$

とすると相互相関関数 $C_{f_1 f_2}(\tau)$ は次式になる．

$$\begin{aligned}
C_{f_1 f_2}(\tau) &= A_1 A_2^* \exp(-j\omega_2 \tau) \times \lim_{T \to \infty} \frac{1}{2T} \int_{-T}^{T} \exp\{j(\omega_1-\omega_2)t\} \\
&\qquad \times \exp\{j(\phi_1(t) - \phi_2(t+\tau))\}\, dt \\
&= \begin{cases} A_1 A_2^* \exp(-j\omega_2 \tau) \\ \quad \times \lim_{T \to \infty} \frac{1}{2T} \int_{-T}^{T} \exp\{j(\phi_1(t) - \phi_2(t+\tau))\}\, dt & (\omega_1 = \omega_2) \\ 0 & (\omega_1 \neq \omega_2) \end{cases}
\end{aligned} \tag{3.9}$$

すなわち

(1) $\omega_1 = \omega_2$ であり，$\phi_1(t), \phi_2(t)$ がランダムの場合，$C(\tau) = 0$
 （ランダム位相の波の長時間平均は 0 になる）．

(2) $\omega_1 \neq \omega_2$ の場合，$C(\tau) = 0$（$\Delta\omega = \omega_1 - \omega_2$ の角周波数で振動しているが，測定時間が長いため平均されて 0 になる）．

$f_1(t)$ が $f_2(t)$ に等しい場合，**自己相関関数** $C(\tau)$ といい，次式になる．

$$C(\tau) = |A|^2 \lim_{T \to \infty} \frac{1}{2T} \int_{-T}^{T} \exp\bigl\{j(\phi_1(t) - \phi_1(t+\tau))\bigr\}\, dt \tag{3.10}$$

以下ではこの相互相関関数を用いて光波の干渉を数式で表現する．

■ 例題 3.2 ■

正弦波
$$f(t) = f_0 \sin(\omega t)$$
と
$$g(t) = g_0 \sin(\omega t + \phi)$$
の相互相関関数を求めなさい．

【解答】 式 (3.6) より

$$\begin{aligned}
C_{fg}(\tau) &= \lim_{T\to\infty} \tfrac{1}{2T} \int_{-T}^{T} f_0 \sin(\omega t) g_0 \sin\bigl(\omega(t+\tau)+\phi\bigr) dt \\
&= f_0 g_0 \lim_{T\to\infty} \tfrac{1}{2T}\int_{-T}^{T} \bigl[\sin(\omega t)\{\sin(\omega t)\cos(\omega\tau+\phi) \\
&\qquad\qquad\qquad\qquad + \cos(\omega t)\sin(\omega\tau+\phi)\}\bigr] dt \\
&= f_0 g_0 \cos(\omega\tau+\phi) \lim_{T\to\infty} \tfrac{1}{2T}\int_{-T}^{T} \sin^2(\omega t)\, dt \\
&\quad + f_0 g_0 \sin(\omega\tau+\phi) \lim_{T\to\infty} \tfrac{1}{2T}\int_{-T}^{T} \sin(\omega t)\cos(\omega t)\, dt \\
&= \tfrac{1}{4} f_0 g_0 \cos(\omega\tau+\phi) - f_0 g_0 \cos(\omega\tau+\phi) \lim_{T\to\infty} \tfrac{1}{4T}\int_{-T}^{T} \cos(2\omega t)\, dt \\
&\quad + f_0 g_0 \sin(\omega\tau+\phi) \lim_{T\to\infty} \tfrac{1}{4T}\int_{-T}^{T} \sin(2\omega t)\, dt \\
&= \tfrac{1}{4} f_0 g_0 \cos(\omega\tau+\phi)
\end{aligned}$$

となる．

3.3 光波の可干渉性

光波 A と光波 B が混合した場合を考える．光は電磁波である．したがって，その電界を $E_A(t,z), E_B(t,z)$ とすると，混合波の電界は $E_A(t,z) + E_B(t,z)$ と表される．ここで，この混合波のエネルギーを測定する場合を考える．電磁波のエネルギーは電界の 2 乗に比例するから，エネルギー U は次式のようになる．

$$U(t,z) \propto \left| E_A(t,z) + E_B(t,z) \right|^2$$
$$= \left| E_A(t,z) \right|^2 + \left| E_B(t,z) \right|^2$$
$$+ E_A(t,z) E_B(t,z)^* + \text{c.c.} \quad (3.11)$$

光波の周期は 10^{-14} s 程度と測定器の応答時間（10^{-9} s 程度）に比較して短いために，測定時間 T_m で平均した値を測定することになる．空間位相を無視すると測定値は次式になる．

$$U \propto \frac{1}{T_m} \int_0^{T_m} \left| E_A(t) \right|^2 dt + \frac{1}{T_m} \int_0^{T_m} \left| E_B(t) \right|^2 dt$$
$$+ \frac{1}{T_m} \int_0^{T_m} E_A(t) E_B(t)^* dt + \text{c.c.} \quad (3.12)$$

第 1 項，第 2 項は単独の光波のエネルギーを表す．第 3 項とその複素共役項 c.c. が干渉により生じた項である．式 (3.6) より，干渉による項は相互相関関数 $C_{E_A E_B}(0)$ になる．

(1) ω_1 と ω_2 が異なる場合，すなわち $(\omega_2 - \omega_1)T_m \gg \pi$ では $C_{E_A E_B}(0) = 0$ となり干渉を観察することはできない．

(2) ω_1 と ω_2 が等しい場合，たとえば 1 つの光波をハーフミラーで 2 分して $E_A(t,z), E_B(t,z)$ を形成し，異なる光路を通した後に干渉させる場合を考える（図 3.1）．光波 B は光波 A に対して τ の遅延が生じた場合，式 (3.12) は

$$U \propto \frac{1}{T_m} \int_0^{T_m} \left| E_A(t) \right|^2 dt + \frac{1}{T_m} \int_0^{T_m} \left| E_B(t+\tau) \right|^2 dt$$
$$+ \frac{1}{T_m} \int_0^{T_m} E_A(t) E_B(t+\tau)^* dt + \text{c.c.} \quad (3.13)$$

となり，この場合には第 3 項は相互相関関数 $C_{E_A E_B}(\tau)$ になり干渉する．例として，図 3.1 のマッハ–ツェンダー干渉計を考える．ハーフミラーにより 2 分した光波の一方を遅延させる．これには図 3.1 のような遅延装置を一方の光路に導入することで可能である．干渉縞は式 (3.10) に示すように位相

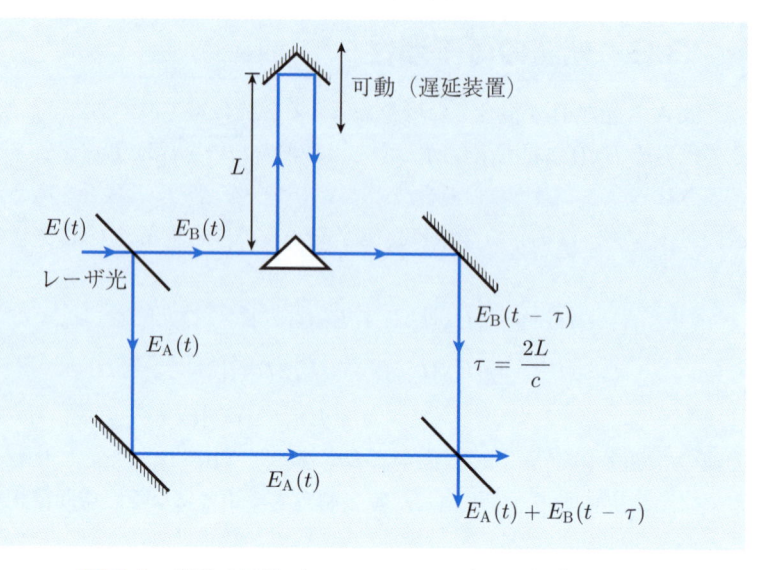

図 3.1 光波の干渉（マッハ―ツェンダー干渉計）

差 $\phi_1(t) - \phi_1(t+\tau)$ で重ね合わされる．位相 $\phi_1(t) = a$ が一定と表される場合とランダムに変化する場合を考える．前者の場合生ずる干渉パターンは変化しない．一方，位相 $\phi_1(t)$ がランダムに変化する場合には時間積分した結果は $C(\tau) = 0$，すなわち干渉縞は生じないことになる．したがって，遅延時間 τ を変化させながら干渉縞の有無を観測することで位相 $\phi_1(t)$ の安定性を評価することが可能になる．干渉縞がなくなる最大遅延時間を**干渉時間**という．また，光速に干渉時間を掛けた距離を**干渉長**という．

例題 3.3

次の関数の自己相関関数を求めなさい．
$$f(x) = a\sin(\omega t)$$

【解答】

$$\begin{aligned}
C(\tau) &= |a|^2 \lim_{T\to\infty} \tfrac{1}{2T}\int_{-T}^{T} \sin(\omega t)\sin\{\omega(t+\tau)\}\,dt \\
&= \tfrac{1}{4}|a|^2 \lim_{T\to\infty} \tfrac{1}{T}\int_{-T}^{T}(\cos(-\omega t) - \cos(2\omega t + \omega\tau))\,dt \\
&= \tfrac{1}{4}|a|^2 \cos(-\omega t) - \lim_{T\to\infty}\left(\tfrac{\sin(2\omega T + \omega\tau)}{4\omega T} - \tfrac{2\sin(-2\omega T + \omega\tau)}{4\omega T}\right) \\
&= \tfrac{1}{4}|a|^2 \cos(\omega\tau)
\end{aligned}$$

3.4 回折現象

3.4.1 ホイヘンスの原理を用いて

点光源から出た光波は球面状に空間を伝搬する．この球面波の電界 $\boldsymbol{E}(t,r)$ は式 (2.8) から次式で与えられる．

$$\boldsymbol{E}(t,r) = \frac{E_0}{r} \exp\{j(\omega t - k_r r)\} \tag{3.14}$$

ただし，$\boldsymbol{E}_0$ は光源の強度で決まる．図 3.2 に示すように，座標軸 x, y, z を取る．$z = 0$ の位置に，x, y 方向に $-a$ から a まで点光源列 $(x, y, 0)$（ただし，$-a \leq x, y \leq a$）を考える．この中の 1 点 $(x, y, 0)$ から放出された光波の点 (x', y', z) における電界 $\boldsymbol{E}(t, x', y', z)$ は次式となる．

$$\boldsymbol{E}(t, x', y', z) = \frac{E_0}{r'} \exp\{j(\omega t - k_r r)\} \tag{3.15}$$

ただし，$r = \sqrt{(x'-x)^2 + (y'-y)^2 + z^2}$ とする．

点光源列全体からの光波の点 (x', y', z) における電界 $\boldsymbol{E}(t, x', y', z)$ は全ての点列を加え合わせればよい．したがって，和を積分に変えて次式となる．

$$\boldsymbol{E}_{\text{total}}(t, x', y', z) = E_0 \exp(j\omega t) \int_{-a}^{a} \int_{-a}^{a} \frac{1}{\sqrt{(x'-x)^2 + (y'-y)^2 + z^2}} \\ \times \exp\{-jk_r \sqrt{(x'-x)^2 + (y'-y)^2 + z^2}\} \, dx \, dy \tag{3.16}$$

$\boldsymbol{E}_0$ を一定として考えたが，位置 x, y によって異なり $\boldsymbol{E}_0(x, y)$ と表される場合には式 (3.16) は次式になる．

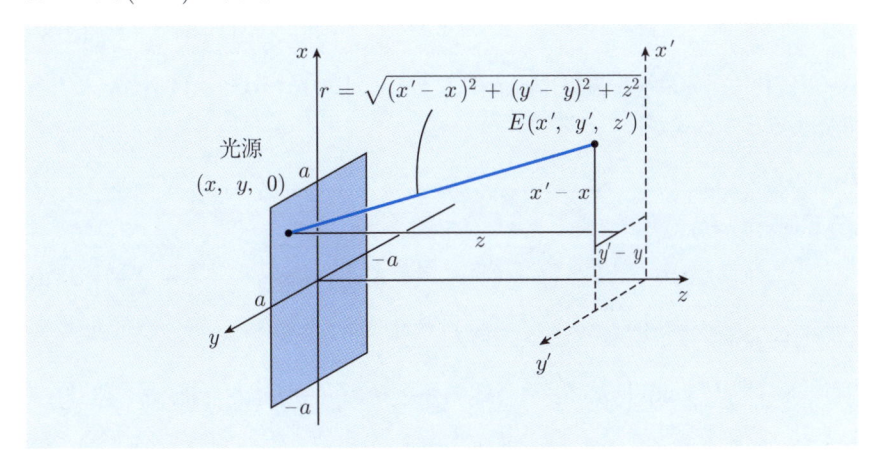

図 3.2 回折

第3章 光波の回折と干渉

$$E_{\text{total}}(t, x', y', z) = \int_{-a}^{a}\int_{-a}^{a} \frac{E_0(t,x,y)}{\sqrt{(x'-x)^2+(y'-y)^2+z^2}}$$
$$\times \exp\{-jk_r\sqrt{(x'-x)^2+(y'-y)^2+z^2}\}\,dx\,dy$$
(3.17)

ただし，$E_0(t,x,y) = E_0(x,y)\exp(j\omega t)$ と置いた．

この導出は正確ではない．境界条件を考える必要がある．このために修正が必要である．式 (3.17) の正確な式は

$$E_{\text{total}}(t, x', y', z) = -\frac{j}{\lambda}\int_{-a}^{a}\int_{-a}^{a} \frac{E_0(t,x,y)}{\sqrt{(x'-x)^2+(y'-y)^2+z^2}}$$
$$\times \exp\{-jk_r\sqrt{(x'-x)^2+(y'-y)^2+z^2}\}\,dx\,dy$$
(3.18)

となり，係数 $-\frac{j}{\lambda}$ が掛かる．ここで，λ は光波の波長である．

3.4.2 フラウンホーファー近似

$x, x', y, y' \ll z$ を仮定して式 (3.16) の平方根を近似する．

$$\begin{aligned}
\sqrt{(x'-x)^2+(y'-y)^2+z^2} &= \sqrt{z^2}\sqrt{1+\frac{(x'-x)^2}{z^2}+\frac{(y'-y)^2}{z^2}} \\
&\cong z\left\{1+\frac{1}{2}\frac{(x'-x)^2}{z^2}+\frac{1}{2}\frac{(y'-y)^2}{z^2}\right\} \\
&= z\left(1+\frac{x'^2}{2z^2}-\frac{x'x}{z^2}+\frac{x^2}{2z^2}+\frac{y'^2}{2z^2}-\frac{y'y}{z^2}+\frac{y^2}{2z^2}\right)
\end{aligned}$$
(3.19)

式 (3.17) 中の分母の平方根は位相に比較し近似の影響は遥かに小さいことを考慮すると，次式が得られる．

$$E_{\text{total}}(t, x', y', z)$$
$$= E_0\exp(j\omega t)$$
$$\quad \times \int_{-a}^{a}\int_{-a}^{a}\frac{1}{z}\exp\left\{-jk_r z\left(1+\frac{x'^2}{2z^2}-\frac{x'x}{z^2}+\frac{x^2}{2z^2}+\frac{y'^2}{2z^2}-\frac{y'y}{z^2}+\frac{y^2}{2z^2}\right)\right\}dx\,dy$$
$$= E_0\exp(j\omega t)\frac{\exp\left\{-jk_r\left(z+\frac{x'^2}{2z}+\frac{y'^2}{2z}\right)\right\}}{z}$$
$$\quad \times \int_{-a}^{a}\int_{-a}^{a}\exp\left(jk_r\frac{x'x}{z}+jk_r\frac{y'y}{z}-jk_r\frac{x^2}{2z}-jk_r\frac{y^2}{2z}\right)dx\,dy \quad (3.20)$$

3.4 回折現象

ここで $k_r \frac{a^2}{2z} \ll \pi$, すなわち

$$N = \frac{a^2}{\lambda z} \ll 1 \tag{3.21}$$

と仮定できる場合，式 (3.20) はさらに簡単な式に近似できる．

$$\boldsymbol{E}_{\text{total}}(t, x', y', z) \cong \boldsymbol{E}_0 \exp(j\omega t) \frac{\exp\left\{-jk_r\left(z + \frac{x'^2}{2z} + \frac{y'^2}{2z}\right)\right\}}{z}$$
$$\times \int_{-a}^{a}\int_{-a}^{a} \exp\left(jk_r \frac{x'x}{z} + jk_r \frac{y'y}{z}\right) dx\, dy \tag{3.22}$$

また，式 (3.17) も同様に次式となる．

$$\boldsymbol{E}_{\text{total}}(t, x', y', z) \cong \frac{\exp\left\{-jk_r\left(z + \frac{x'^2}{2z} + \frac{y'^2}{2z}\right)\right\}}{z}$$
$$\times \int_{-a}^{a}\int_{-a}^{a} \boldsymbol{E}_0(t, x) \exp\left(jk_r \frac{x'x}{z} + jk_r \frac{y'y}{z}\right) dx\, dy \tag{3.23}$$

式 (3.22) の積分を**フラウンホーファー積分**という．この式 (3.23) にも式 (3.18) と同様に係数 $-\frac{j}{\lambda}$ が掛かる．また，式 (3.23) は

$$k'_x = k_r \frac{x'}{z}$$
$$k'_y = k_r \frac{y'}{z}$$

と置き換えることで，この積分は $\boldsymbol{E}_0(t, x, y)$ のフーリエ積分であることがわかる．式 (3.21) の N を**フレネル数**といい，この近似を**フラウンホーファー近似**という．係数 $-\frac{j}{\lambda}$ を考慮して

$$\boldsymbol{E}_{\text{total}} \cong -\frac{j}{\lambda} \frac{\exp\left\{-jk_r\left(z + \frac{x'^2}{2z} + \frac{y'^2}{2z}\right)\right\}}{z}$$
$$\times \int_{-a}^{a}\int_{-a}^{a} \boldsymbol{E}_0(t, x, y) \exp\left(jk_r \frac{x'x}{z} + jk_r \frac{y'y}{z}\right) dx\, dy \tag{3.24}$$

$N = \frac{a^2}{\lambda z} \geq 1$ の場合には，最後の近似はできない．この場合には式 (3.20) になる．この積分を**フレネル積分**，この近似を**フレネル近似**という．

3章の問題

☐ **3.1** マイケルソン干渉計で光波の干渉時間を測定する方法を示しなさい．

☐ **3.2** 波長 $1\,\mu$m の光波が幅 $0.1\,$mm のスリットから出射される場合，$10\,$cm 離れた点でのフレネル数 N を求めなさい．

☐ **3.3** 波長 $1\,\mu$m の光波が一辺 $0.1\,$mm の正方形の小穴から出射される場合，$10\,$cm 離れた光軸上の点に垂直に置いた投射板の回折光の強度分布を求めなさい．ただし，小穴を通過する光波の強度分布は一様と仮定する．

第4章
波動の屈折と反射

　屈折・反射は光波に限った現象ではない．媒質が異なり，波動の伝搬速度が変わる境界では必ず生じる現象である．エネルギーを伝搬するためには，当然波動は連続であることが必須条件になる．また，その伝搬エネルギーは物質の境界で保存される必要がある．屈折と反射はこの2つに起因する現象である．ここでは，境界での波動の連続性とエネルギー保存則からスネルの式（屈折の式）と反射率，透過率を導く．この際に第2章で学んだ空間周波数ベクトルの概念が役立つ．

4.1 屈折率

屈折率 n は次式により定義されている.

$$n = \frac{c}{v}$$
$$= \frac{真空中の光速}{物質中の光速} \quad (4.1)$$

真空中の光速 c は式 (2.11) より真空中の光波の波長 λ_0 と周波数 f_0 を用いて

$$c = \lambda_0 f_0$$

と表される.同様に物質中の光速 v は波長 λ, 周波数 f を用いて

$$v = \lambda f$$

と表される.したがって,屈折率 n は

$$n = \frac{\lambda_0 f_0}{\lambda f}$$
$$= \left(\frac{\lambda_0}{\lambda}\right)\left(\frac{f_0}{f}\right) \quad (4.2)$$

となる.

■ **例題 4.1** ■
周波数,波長,屈折率について下記の (1)〜(3) のどれが成り立つだろうか.
(1) $n = \frac{\lambda_0}{\lambda}, \quad 1 = \frac{f_0}{f}$
(2) $1 = \frac{\lambda_0}{\lambda}, \quad n = \frac{f_0}{f}$
(3) $\sqrt{n} = \frac{\lambda_0}{\lambda}, \quad \sqrt{n} = \frac{f_0}{f}$

【解答】 (1) である.いま,ある面の両側で屈折率が異なる場合を考えてみる.右側の振動の周波数が f_0 で,左側の周波数が f ということはあり得るだろうか.左右で振動数が異なっていたら,左右の振動は異なる振動となってしまう.波動によりエネルギーを伝搬するためには波動は連続でなければならない.この波動の連続性より $f = f_0$ となる.したがって,必然的に (1) 以外に正解は存在しない. ■

■ **例題 4.2** ■
真空中で波長 $\lambda_0 = 1$ [μm] の光波の周波数 f_0 を求めなさい.この光波が屈折率 $n = 1.5$ の媒質中を伝搬するとき,波長 λ と周波数 f を求めなさい.ただし,真空中の光速は $c = 3.0 \times 10^8$ [m·sec^{-1}] とする.

【解答】 $f_0 = \frac{c}{\lambda_0} = \frac{3.0 \times 10^8}{1.0 \times 10^{-6}} = 3.0 \times 10^{14}$ [Hz],
$f = f_0, \quad \lambda = \frac{\lambda_0}{n} = 0.666$ [μm] ■

4.2 スネルの式（屈折の式）

2.1 節の 3 次元の空間周波数ベクトル $\boldsymbol{k}$ を考える．平面波においては，空間周波数ベクトル $\boldsymbol{k}$ は波動の伝搬方向を示す．

$$|\boldsymbol{k}| = \left|(k_x, k_y, k_z)\right| = \left|\left(\frac{2\pi}{\lambda_x}, \frac{2\pi}{\lambda_y}, \frac{2\pi}{\lambda_z}\right)\right| = \frac{2\pi}{\lambda} \tag{4.3}$$

ただし

$$k = \sqrt{k_x^2 + k_y^2 + k_z^2} \tag{4.4}$$

である．真空中の空間周波数を k_0 とした場合，屈折率 n の中の空間周波数 $\boldsymbol{k}$ は

$$|\boldsymbol{k}| = k = nk_0 \tag{4.5}$$

で表される．また，空間位相 $\phi(r) = \boldsymbol{k} \cdot \boldsymbol{r}$ を考えると，等位相面の傾き方向は

$$\mathrm{grad}\bigl(\phi(r)\bigr) = \boldsymbol{k}$$

であり，これは光波の伝搬方向になる．

ここで，x, z 平面を伝搬する平面波を考える．平面波が z 軸を基準にして x 方向に θ 傾いて伝搬している場合

$$\begin{aligned}\boldsymbol{k} &= (k_x, k_y, k_z) \\ &= \bigl(nk_0 \sin(\theta), 0, nk_0 \cos(\theta)\bigr)\end{aligned} \tag{4.6}$$

となる．以上で屈折の式を導出する準備は終わった．

図 4.1 に示すように屈折率 n_1 の物質 1 と屈折率 n_2 の物質 2 が平面で密着

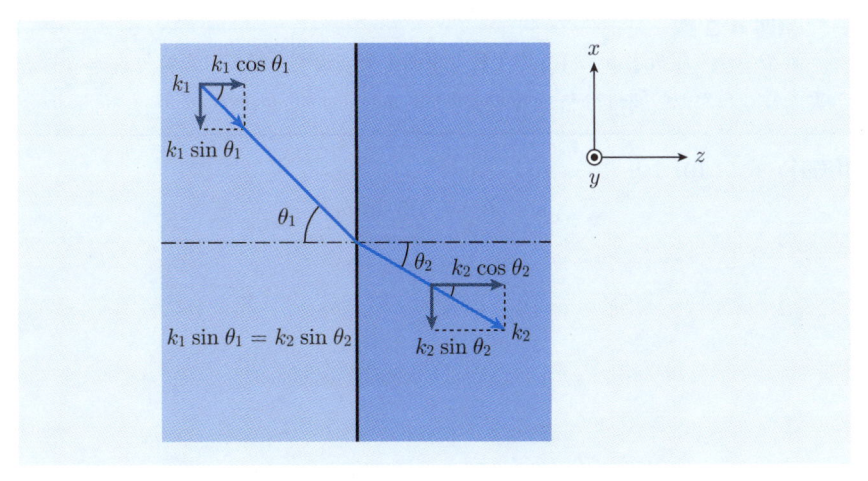

図 4.1 屈折（境界面に沿った空間周波数が一致する）

している．平面の法線を z 軸とし，紙面を $y = 0$ の面とする．両面の交わる線は x 軸になる．物質 1 から物質 2 に波動が伝搬している．伝搬方向を z 軸に対して入射角 θ_1 で物質 1 から境界に入り屈折し，屈折角 θ_2 で物質 2 を伝搬する．物質 1 に入射する波動の空間周波数 $\boldsymbol{k}_1$ は

$$\boldsymbol{k}_1 = \left(n_1 k_0 \sin(\theta_1), 0, n_1 k_0 \cos(\theta_1)\right) \tag{4.7}$$

と表される．同様に，物質 2 の屈折した波動の空間周波数 $\boldsymbol{k}_2$ は

$$\boldsymbol{k}_2 = \left(n_2 k_0 \sin(\theta_2), 0, n_2 k_0 \cos(\theta_2)\right) \tag{4.8}$$

と表される．ところで，物質 1 から物質 2 に波動が連続するためにはどのような条件が必要だろうか．この場合，両者の波動は境界の x 軸方向に沿って波長 λ_x が連続していることが必要になる．したがって，次式が成立しなければならない．

$$n_1 k_0 \sin(\theta_1) = n_2 k_0 \sin(\theta_2) \tag{4.9}$$

この式から

$$n_1 \sin(\theta_1) = n_2 \sin(\theta_2) \tag{4.10}$$

この関係式を**スネルの式**という．屈折に関する基本的な式である．導出には，屈折率の定義式 (4.1) と境界での波動の連続性のみを用いている．

例題 4.3

真空中から屈折率 $n = 1.5$ の平行な平面を持つ透明平板に，入射角 $\theta_\text{i} = 30°$ で入射した光波の屈折角 θ_t を求めなさい．

【解答】 式 (4.10) より

$$\sin(30°) = 1.5 \sin(\theta_\text{t})$$

したがって

$$\theta_\text{t} = 19.5°$$

となる．

4.3 反射と透過

境界での波動の位相の連続性を用いてスネルの式を導出したが，当然，振幅の連続性も要求される．振幅の連続性からどのような関係式が導出できるだろうか．振幅の 2 乗は波動のエネルギーに比例することを考えると，境界でのエネルギーの連続性，すなわち，波動の透過率，反射率が導出できそうである．

振幅の連続性を考える際に，振幅は滑らかにつながることが要求されるだろう．後ほど議論するが，振幅が滑らかにつながることが境界での波動エネルギー保存則を保証する．

ここでは見通しを良くするために，波動は境界に垂直に入射する場合を考える．

- 物質 1 の入射波動

$$f_\mathrm{i}(t,z) = f_\mathrm{i}\exp(j\omega t - jk_1 z) \tag{4.11}$$

- 物質 1 の反射波動

$$f_\mathrm{r}(t,z) = f_\mathrm{r}\exp(j\omega t + jk_1 z) \tag{4.12}$$

- 物質 2 の透過波動

$$f_\mathrm{t}(t,z) = f_\mathrm{t}\exp(j\omega t - jk_2 z) \tag{4.13}$$

とする．

さて，境界での条件として振幅の連続性より

$$f_\mathrm{i} + f_\mathrm{r} = f_\mathrm{t} \tag{4.14}$$

また，滑らかにつながることから 1 階微分が連続でなければならないので

$$k_1 f_\mathrm{i} - k_1 f_\mathrm{r} = k_2 f_\mathrm{t} \tag{4.15}$$

この式 (4.14)，式 (4.15) より反射，透過の関係式が導出できる．まず，両式より f_t を消去することで

$$\begin{aligned} r &= \frac{f_\mathrm{r}}{f_\mathrm{i}} \\ &= \frac{k_1 - k_2}{k_1 + k_2} \\ &= \frac{n_1 - n_2}{n_1 + n_2} \\ &= \frac{\frac{1}{v_1} - \frac{1}{v_2}}{\frac{1}{v_1} + \frac{1}{v_2}} \end{aligned} \tag{4.16}$$

両式より f_r を消去することで

第4章 波動の屈折と反射

$$\begin{aligned}
t &= \frac{f_\mathrm{t}}{f_\mathrm{i}} \\
&= \frac{2k_1}{k_1+k_2} \\
&= \frac{2n_1}{n_1+n_2} \\
&= \frac{\frac{2}{v_1}}{\frac{1}{v_1}+\frac{1}{v_2}}
\end{aligned} \tag{4.17}$$

が得られる. r を**反射係数**, t を**透過係数**という.

波動のエネルギーは振幅の2乗に比例する. したがって, 反射率 R は

$$\begin{aligned}
R &= \left|\frac{f_\mathrm{r}}{f_\mathrm{i}}\right|^2 \\
&= \left|\frac{n_1-n_2}{n_1+n_2}\right|^2
\end{aligned} \tag{4.18}$$

となる. また, **透過率** T は

$$\begin{aligned}
T &= 1 - R \\
&= 1 - \left|\frac{n_1-n_2}{n_1+n_2}\right|^2 \\
&= \frac{4n_1 n_2}{(n_1+n_2)^2}
\end{aligned} \tag{4.19}$$

となる. 式からわかるように

$$T \neq |t|^2$$

である. すなわち

$$|r|^2 + |t|^2 \neq 1 \tag{4.20}$$

これは少し奇異に思うだろう. この不等式は何を意味しているのだろうか. 式 (4.17), 式 (4.19) から T と $|t|^2$ の間には以下の関係が成り立つ.

$$\begin{aligned}
T &= \frac{n_2}{n_1}|t|^2 \\
&= \frac{k_2}{k_1}|t|^2 \\
&= \frac{k_2 f_\mathrm{t}(t,z) f_\mathrm{t}^*(t,z)}{k_1 f_\mathrm{i}(t,z) f_\mathrm{i}^*(t,z)} \\
&= \frac{(-jk_2 f_\mathrm{t}(t,z)) f_\mathrm{t}^*(t,z)}{(-jk_1 f_\mathrm{i}(t,z)) f_\mathrm{i}^*(t,z)} \\
&= \frac{\frac{\partial f_\mathrm{t}(t,z)}{\partial z} f_\mathrm{t}(t,z)^*}{\frac{\partial f_\mathrm{i}(t,z)}{\partial z} f_\mathrm{i}(t,z)^*}
\end{aligned} \tag{4.21}$$

これより, 波動を $f(t,z)$ としたとき光波のパワー U は

$$U \propto f(t,z)^* \frac{\partial f(t,z)}{\partial z} \tag{4.22}$$

4.3 反射と透過

と定義することが必要である．すなわち，振幅が滑らかにつながることが境界で波動エネルギーの保存を保証する．また，式 (4.21) を異なる形で書くと

$$T = \frac{k_2|f_\mathrm{t}(t,z)|^2}{k_1|f_\mathrm{i}(t,z)|^2}$$
$$= \frac{\frac{1}{v_2}|f_\mathrm{t}(t,z)|^2}{\frac{1}{v_1}|f_\mathrm{i}(t,z)|^2} \tag{4.23}$$

となり，波動のパワーは振幅の 2 乗を速度で割ったものに比例しており，振幅の 2 乗ではないことを示している．なぜ，$T \neq |t|^2$ と不等号なのか理解できただろうか．境界で保証されるべきはエネルギーの保存である．これから反射率，透過率の式が導出される．

■ 例題 4.4 ■

真空中から屈折率 $n = 3.5$ の半導体に垂直入射した光波の反射率 R と透過率 T を求めなさい．ただし，半導体はこの光波の波長では透明である．

【解答】 式 (4.17)，式 (4.18) より

$$R = \left|\frac{1-n}{1+n}\right|^2 = 0.309$$
$$T = 1 - R = 0.601$$

となる．

4章の問題

☐ **4.1** スネルの式を導出しなさい．

☐ **4.2** 屈折率 1.5 の物質から屈折率 3.5 の物質に入射角 30° で光波が入射する場合，屈折角を求めなさい．

☐ **4.3** 問 4.2 で，垂直入射させた場合の反射率 R と透過率 T を求めなさい．

☐ **4.4** 剛体中の音波の速度 v は密度を ρ としヤング率を E とすると $v = \sqrt{\frac{E}{\rho}}$ により与えられる．ステンレス（SUS304）の密度は $7.90\,\mathrm{g \cdot cm^{-2}}$，ヤング率は $199.14\,\mathrm{GPa}$ とし，また，鉄（SS400）の密度は $7.87\,\mathrm{g \cdot cm^{-2}}$ でヤング率は $192.08\,\mathrm{GPa}$ とする．ステンレスと鉄の音速を求めなさい．ただし，$1\,[\mathrm{kg\,重 \cdot cm^{-2}}] = 98.0665\,[\mathrm{kPa}]$ である（重は重力加速度）．

☐ **4.5** 問 4.4 の場合，ステンレスと鉄の間の反射率を求めなさい．

第5章
光波と電気磁気学

　昔から電気磁気学は電気系学生には鬼門だ．避けて通ろうとする学生は多い．しかし，これは食わず嫌いに過ぎない．親しみを込めて接している間に次第に理解し合える間柄になる．さて，ここでは光学を理解するには必須の電気磁気学を説明する．境界条件を決めて微分方程式を解くことが定番だが，特定の応用を意識しない限り，あえて微分方程式を解く必要はない．マクスウェルの方程式を基に電界，磁界について性質を整理する．十分に親しんで欲しい．

5.1 光波の基本方程式

本書で使用する電気磁気学の基本式を下記に示す.

(1) マクスウェルの方程式

$$\nabla \times \boldsymbol{H} = \frac{\partial \boldsymbol{D}}{\partial t} + \boldsymbol{J} \quad (ただし,誘電体中では \boldsymbol{J}=\boldsymbol{0}) \tag{5.1}$$

$$\nabla \times \boldsymbol{E} = -\frac{\partial \boldsymbol{B}}{\partial t} \tag{5.2}$$

$$\nabla \cdot \boldsymbol{D} = \rho \tag{5.3}$$

$$\nabla \cdot \boldsymbol{B} = 0 \tag{5.4}$$

上式で $\boldsymbol{E}$ [V·m^{-1}] は電界ベクトル,$\boldsymbol{H}$ [A·m^{-1}] は磁界ベクトル,$\boldsymbol{D}$ [C·m^{-2}] は電束密度ベクトル,$\boldsymbol{B}$ [T] は磁束密度ベクトル,$\boldsymbol{J}$ [A·m^{-2}] は電流密度ベクトル,ρ [C·m^{-3}] は電荷密度である.

(2) 構成式

$$\boldsymbol{D} = \varepsilon \boldsymbol{E} \tag{5.5}$$

$$\boldsymbol{B} = \mu \boldsymbol{H} \tag{5.6}$$

上式で ε [F·m^{-1}] は物質中の誘電率,μ [H·m^{-1}] は物質中の透磁率である.

(3) 媒質1と媒質2の境界条件 (ただし,$\boldsymbol{J}=\boldsymbol{0}, \rho=0$)

$$\boldsymbol{D}_{1\perp} = \boldsymbol{D}_{2\perp} \tag{5.7}$$

$$\boldsymbol{E}_{1\|} = \boldsymbol{E}_{2\|} \tag{5.8}$$

$$\boldsymbol{B}_{1\perp} = \boldsymbol{B}_{2\perp} \tag{5.9}$$

$$\boldsymbol{H}_{1\|} = \boldsymbol{H}_{2\|} \tag{5.10}$$

境界面に対してベクトルの垂直成分を ⊥,平行成分を ∥ とした.

5.2 光波の伝搬

5.2.1 光波の伝搬の様子

光は以下のように伝搬する．まず，式 (5.1) の右辺で電界ベクトル E, すなわち式 (5.5) の左辺の電束密度ベクトル D が角周波数 ω で振動すると，式 (5.1) の左辺の磁界ベクトル H が生じる．当然，H も角周波数 ω で振動する．式 (5.6) の左辺の振動する磁束密度ベクトル B から式 (5.2) の右辺の角周波数 ω で振動する電界ベクトル E が生じる．このようにして，電界 E (D) → 磁界 H (B) → 電界 E (D) → 磁界 H (B) → ⋯ と角周波数 ω で振動しながら空間を伝搬する（図 5.1）．波動は空間と時間で変化する．図では空間的変化の様子のみを示してある．マクスウェルの式との関連を示すための便宜上の図．真空中を伝搬する電界と磁界の時間的変化の関係は図 5.2 を参考．

図 5.1 光波の伝搬の概念図

5.2.2 横 波

式 (5.3)，式 (5.4) は何を意味するだろうか．電界 E と磁界 H を波動とする．

$$E(r,t) = E_0 \exp(j\omega t - j\boldsymbol{k}\cdot\boldsymbol{r}) \tag{5.11}$$

$$H(r,t) = H_0 \exp(j\omega t - j\boldsymbol{k}\cdot\boldsymbol{r}) \tag{5.12}$$

ただし，k は空間周波数ベクトル，ω は角周波数，E_0 は電界ベクトル，H_0 は磁界ベクトルである．式 (5.11) を式 (5.3) に代入すると，次式が得られる．

$$-j\boldsymbol{k}\cdot\boldsymbol{E}(r,t) = \frac{\rho}{\varepsilon} \tag{5.13}$$

ただし，誘電率 ε は空間変化しないスカラー量と仮定した．

同様に，式 (5.12) を式 (5.4) に代入すると，次式が得られる．

$$-j\boldsymbol{k}\cdot\boldsymbol{H}(r,t) = 0 \tag{5.14}$$

ただし，透磁率 μ は空間変化しないスカラー量と仮定した．
ここで誘電体（絶縁体）中では電荷がないものとする（$\rho = 0$）．これらの式は
$$\begin{aligned}\boldsymbol{k} \cdot \boldsymbol{E}(\boldsymbol{r},t) &= \boldsymbol{k} \cdot \boldsymbol{E}_0 = 0 \\ \boldsymbol{k} \cdot \boldsymbol{H}(\boldsymbol{r},t) &= \boldsymbol{k} \cdot \boldsymbol{H}_0 = 0\end{aligned} \quad (5.15)$$
となる．これは電界ベクトル $\boldsymbol{E}_0$ および磁界ベクトル $\boldsymbol{H}_0$ が空間周波数ベクトル $\boldsymbol{k}$（これは光の伝搬方向を向く）に垂直であることを示している．すなわち，進行方向と垂直に振動している**横波**であることを示す．電界が横波となるには空間電荷 $\rho = 0$ であることが必要であり，たとえばプラズマ中では $\rho \neq 0$ であることから，**縦波**成分も持つ（ε, μ が非対角成分を持つテンソルの場合には $\rho = 0$ でも縦波成分を持つ．例としては，一部の光学結晶や歪ガラスなどがある）．

5.2.3 振動電磁界方向と進行方向の関係

次に，式 (5.1)，式 (5.2) から電磁界の様子を考える．式 (5.11)，式 (5.12) を $\boldsymbol{j} = \boldsymbol{0}$ とした式 (5.1) に代入すると，次式が得られる．
$$-j\boldsymbol{k} \times \boldsymbol{H}_0 \exp(j\omega t - j\boldsymbol{k} \cdot \boldsymbol{r}) = j\omega\varepsilon \boldsymbol{E}_0 \exp(j\omega t - j\boldsymbol{k} \cdot \boldsymbol{r}) \quad (5.16)$$
したがって
$$-\boldsymbol{k} \times \boldsymbol{H}_0 = \omega\varepsilon \boldsymbol{E}_0 \quad (5.17)$$
同様に，式 (5.11)，式 (5.12) を式 (5.2) に代入すると次式が得られる．
$$-j\boldsymbol{k} \times \boldsymbol{E}_0 \exp(j\omega t - j\boldsymbol{k} \cdot \boldsymbol{r}) = -j\omega\mu \boldsymbol{H}_0 \exp(j\omega t - j\boldsymbol{k} \cdot \boldsymbol{r}) \quad (5.18)$$
したがって
$$\boldsymbol{k} \times \boldsymbol{E}_0 = \omega\mu \boldsymbol{H}_0 \quad (5.19)$$
すなわち，誘電体中（$\boldsymbol{j} = \boldsymbol{0}$）においては，電界 $\boldsymbol{E}_0$，磁界 $\boldsymbol{H}_0$，進行方向 $\boldsymbol{k}$ は互いに直交する．

5.2.4 光 速

また，ベクトル演算の恒等式 $\boldsymbol{k} \times (\boldsymbol{k} \times \boldsymbol{H}_0) = -|\boldsymbol{k}|^2 \boldsymbol{H}_0$ を用いると式 (5.17)，式 (5.19) より
$$-\boldsymbol{k} \times (\boldsymbol{k} \times \boldsymbol{H}_0) = \omega\varepsilon(\boldsymbol{k} \times \boldsymbol{E}_0) = \omega^2 \varepsilon\mu \boldsymbol{H}_0 = |\boldsymbol{k}|^2 \boldsymbol{H}_0 \quad (5.20)$$
となる．最後の等式より
$$v = \frac{\omega}{k} = \frac{1}{\sqrt{\varepsilon\mu}} \quad (5.21)$$
となり，**光速** v と誘電率 ε，透磁率 μ の関係が得られる．

5.2 光波の伝搬

■ **例題 5.1** ■

任意のベクトルは発散が零か，または回転が零のベクトルに一意的に分解できることを説明しなさい．それでは，マクスウェルの方程式が成り立つための物理的条件は何だろうか．なお，この例題は発展的な内容のため，興味のない読者は読み飛ばして欲しい．

【解答】 任意ベクトルを F とする．ここで，発散が零のベクトルを F_1，すなわち

$$\nabla \cdot F_1 = 0$$

とする．いま，F_2 を

$$F_2 = F - F_1$$

として定義する．ここで

$$F_1 = \boxed{F - F_2 = \nabla \times A}$$

と置いてみる．さて，2番目の等式 の両辺の回転を取ると

$$\nabla \times F_2 = \nabla \times \{F - (\nabla \times A)\}$$

F_2 は回転が零のベクトルでなければならないので，これが零となるためには

$$F - \nabla \times A = \nabla \phi$$

ただし，ϕ は任意関数であればよい（恒等式 $\nabla \times \nabla \phi = 0$）．したがって，必然的に

$$F = \nabla \phi + \nabla \times A$$

と表せる．すなわち，任意のベクトル F は発散が零（$F_1 = \nabla \times A$）と回転が零（$F_2 = \nabla \phi$）のベクトルに恒等的に分解できる（これを**ヘルムホルツの定理**という）．

さらに先を考える．いま

$$B = \nabla \times A \qquad \text{①}$$

としてベクトル B を定義する．

$$F_2 = \nabla \phi$$
$$= -E - \frac{\partial A}{\partial t} \qquad \text{②}$$

としてベクトル E を定義する．F_2 の回転は零なので

$$\nabla \times \left(-E - \frac{\partial A}{\partial t}\right) = 0$$

すなわち

$$\nabla \times E = -\frac{\partial B}{\partial t} \qquad \text{③}$$

が成り立つ．ここで，ベクトル A とスカラー ϕ の一般性を考える．新たに

$$A' = A - \nabla \chi \qquad \text{④}$$
$$\phi' = \phi + \frac{\partial \chi}{\partial t} \qquad \text{⑤}$$

ただし，χ は任意関数と置いてみる．このように変換してもベクトル E とベクトル B は変化しない．すなわち，ベクトル E とベクトル B を決めるベクトル A とスカラー ϕ は任意関数 χ の自由度を持つことになる（この変換をゲージ変換という）．ここまでは，数学として成り立つ話である．

さて
$$\nabla \cdot \left(J + \frac{\partial E'}{\partial t} \right) = 0 \quad \text{⑥}$$
を仮定する．恒等式
$$\nabla \cdot \nabla \times B' = 0$$
を右辺に加えると
$$\nabla \cdot \left(J + \frac{\partial E'}{\partial t} \right) = \nabla \cdot \nabla \times B'$$
これより
$$\nabla \times B' = J + \frac{\partial E'}{\partial t}$$
ここで
$$B' \;(\equiv H) = \frac{B}{\mu}$$
$$E' \;(\equiv D) = \varepsilon E$$
と定義すると
$$\nabla \times H = J + \frac{\partial D}{\partial t} \quad \text{⑦}$$
が得られる．E を電界，H を磁界，J を電流密度，D を電束密度，B を磁束密度，A をベクトルポテンシャル，ϕ をスカラーポテンシャル，ε を誘電率，μ を透磁率と解釈すると，式③，式⑦はマクスウェルの方程式 (5.1), (5.2) になる．電界は式②で，磁界は式①で与えられる．式①より
$$\nabla \cdot B = 0$$
とマクスウェルの方程式 (5.4) が得られる．ここで，ベクトルポテンシャル A，スカラーポテンシャル ϕ には式④と式⑤の自由度がある．

これまでの議論で仮定したのは式⑥のみである．この式を電荷保存則
$$\nabla \cdot J + \frac{\partial \rho}{\partial t} = 0 \quad \text{⑧}$$
と比較する．
$$\nabla \cdot D = \rho \quad \text{⑨}$$
と置くことで両者は一致する．式⑨はマクスウェルの方程式 (5.3) である．境界条件式 (5.7)～(5.10) は式 (5.1)～(5.4) を用いて導出できる．上記のように電荷保存則である式⑧を認めると，ベクトル演算の恒等式によりマクスウェル方程式は全て導出可能である．

5.2 光波の伝搬

問：マクスウェル方程式が成り立つための物理的条件は何か？
答：電荷保存則

つまり，電荷保存則がマクスウェル方程式の物理的意味である．実はこれ以外にも暗黙の了解事項がある．それは，我々の空間はベクトル演算を満たすことである．

もう少し話を広げる．式③で

$$\frac{\partial B}{\partial t} = 0$$

とすると

$$\nabla \times E = 0 \qquad ⑩$$

が得られる．また，式⑨を

$$\rho = 0$$

として式⑦に代入して発散を取ると

$$\nabla \cdot J = 0 \qquad ⑪$$

が得られる．式⑪は電気回路のキルヒホフの第1法則，式⑩は第2法則である．これらは電気回路の基本法則であるが電気磁気学から導出される．すなわち，物理学的には電気回路は電気磁気学の一部である．なお

$$\rho \neq 0$$

の場合には**静電誘導雑音**となり

$$\frac{\partial B}{\partial t} \neq 0$$

の場合には**電磁誘導雑音**の原因になる．読者はすでに学生実験などで経験していると思うが，前者は静電遮蔽で比較的容易に除去できるが，後者を除去することは困難である．

5.3 光波の電界ベクトルと磁界ベクトルの関係

マクスウェルの方程式 (5.1),式 (5.2) に戻り,ベクトル成分を考える.

$$\nabla \times \boldsymbol{H} = \begin{vmatrix} \boldsymbol{i} & \boldsymbol{j} & \boldsymbol{k} \\ \frac{\partial}{\partial x} & \frac{\partial}{\partial y} & \frac{\partial}{\partial z} \\ H_x & H_y & H_z \end{vmatrix}$$

$$= \varepsilon \frac{\partial E_x}{\partial t} \boldsymbol{i} + \varepsilon \frac{\partial E_y}{\partial t} \boldsymbol{j} + \varepsilon \frac{\partial E_z}{\partial t} \boldsymbol{k} \tag{5.22}$$

$$\nabla \times \boldsymbol{E} = \begin{vmatrix} \boldsymbol{i} & \boldsymbol{j} & \boldsymbol{k} \\ \frac{\partial}{\partial x} & \frac{\partial}{\partial y} & \frac{\partial}{\partial z} \\ E_x & E_y & E_z \end{vmatrix}$$

$$= -\mu \frac{\partial H_x}{\partial t} \boldsymbol{i} - \mu \frac{\partial H_y}{\partial t} \boldsymbol{j} - \mu \frac{\partial H_z}{\partial t} \boldsymbol{k} \tag{5.23}$$

z 方向に伝搬する平面波を考える.

$$\boldsymbol{E} = \boldsymbol{E}_0 \exp(j\omega t - jkz)$$
$$= \bigl(E_{0x} \exp(j\omega t - jkz),\ E_{0y} \exp(j\omega t - jkz),\ 0\bigr) \tag{5.24}$$
$$\boldsymbol{H} = \boldsymbol{H}_0 \exp(j\omega t - jkz)$$
$$= \bigl(H_{0x} \exp(j\omega t - jkz),\ H_{0y} \exp(j\omega t - jkz),\ 0\bigr) \tag{5.25}$$

これは電界,磁界が x 方向,y 方向に一様に無限に広がっている場合を考えることになる.したがって,x 方向,y 方向では電磁界は変化しないので $\frac{\partial}{\partial x} = 0$, $\frac{\partial}{\partial y} = 0$ と置くことができ,式 (5.22),式 (5.23) は以下のように書き換えられる.

$$\nabla \times \boldsymbol{H} = \begin{vmatrix} \boldsymbol{i} & \boldsymbol{j} & \boldsymbol{k} \\ 0 & 0 & \frac{\partial}{\partial z} \\ H_x & H_y & H_z \end{vmatrix}$$

$$= j\varepsilon\omega E_{0x} \exp(j\omega t - ikz)\boldsymbol{i} + j\varepsilon\omega E_{0y} \exp(j\omega t - ikz)\boldsymbol{j} \tag{5.26}$$

$$\nabla \times \boldsymbol{E} = \begin{vmatrix} \boldsymbol{i} & \boldsymbol{j} & \boldsymbol{k} \\ 0 & 0 & \frac{\partial}{\partial z} \\ E_x & E_y & E_z \end{vmatrix}$$

$$= -j\mu\omega H_{0x} \exp(j\omega t - ikz)\boldsymbol{i} + j\mu\omega H_{0y} \exp(j\omega t - ikz)\boldsymbol{j} \tag{5.27}$$

5.3 光波の電界ベクトルと磁界ベクトルの関係

これより i 方向の成分は

$$-\frac{\partial H_y}{\partial z} = jkH_{0y}\exp(j\omega t - jkz) = j\varepsilon\omega E_{0x}\exp(j\omega t - ikz) \quad (5.28)$$

$$-\frac{\partial E_y}{\partial z} = jkE_{0y}\exp(j\omega t - jkz) = -j\mu\omega H_{0x}\exp(j\omega t - ikz) \quad (5.29)$$

j 方向の成分は

$$\frac{\partial H_x}{\partial z} = -jkH_{0x}\exp(j\omega t - jkz) = j\varepsilon\omega E_{0y}\exp(j\omega t - ikz) \quad (5.30)$$

$$\frac{\partial E_x}{\partial z} = -jkE_{0x}\exp(j\omega t - jkz) = -j\mu\omega H_{0y}\exp(j\omega t - ikz) \quad (5.31)$$

となる.

電界と磁界の間には以下の関係が成り立つ. 式 (5.29), 式 (5.30) からは

$$H_{0x} = -\frac{\varepsilon\omega}{k}E_{0y} = -\sqrt{\frac{\varepsilon}{\mu}}E_{0y} \quad (5.32)$$

式 (5.28), 式 (5.31) からは

$$H_{0y} = \frac{\varepsilon\omega}{k}E_{0x} = \sqrt{\frac{\varepsilon}{\mu}}E_{0x} \quad (5.33)$$

これからわかることは, (E_x, H_y) の組と (E_y, H_x) の組は互いに独立している. すなわち, 空間電荷のない一様な空間を伝搬する光波は独立する 2 組の電磁界からできている.

例題 5.2
真空中を z 方向に伝搬する光波の電界と磁界の様子を示す概念図を描きなさい.

【解答】 真空中を伝搬する光波の電界と磁界は時間と空間で変化するために同位相になる. 図 5.1 の概念図と比較して考えて欲しい.

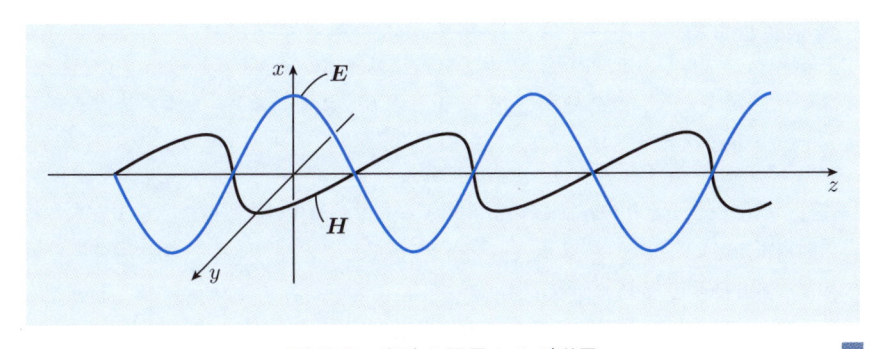

図 5.2 光波の電界および磁界

5.4 特性インピーダンス

電界と磁界の比 Z の次元は

$$Z = \frac{E}{H} = \frac{[\text{V} \cdot \text{m}^{-1}]}{[\text{I} \cdot \text{m}^{-1}]} = \left[\frac{\text{V}}{\text{I}}\right] = [\Omega] \tag{5.34}$$

とインピーダンスの次元である．式 (5.32) および式 (5.33) より電界と磁界の比は

$$\left|\frac{E_{0y}}{H_{0x}}\right| = \left|\frac{E_{0x}}{H_{0y}}\right| = \sqrt{\frac{\mu}{\varepsilon}} = Z \tag{5.35}$$

となり，これを空間の**特性インピーダンス**という．真空中の値は 120π $[\Omega]$ である．

異なる観点から特性インピーダンスを考えてみる．電気回路では，コイル（磁界）のインピーダンスは $Z_L = j\omega L$ であり，コンデンサ（電界）のインピーダンスは $Z_C = \frac{1}{j\omega C}$ である．電磁界では，この相乗平均の $Z = \sqrt{Z_L Z_C}$ を採用する．すなわち，$Z = \sqrt{\frac{L}{C}}$．ここで，$L = \mu \times$ [長さの次元]，$C = \varepsilon \times$ [長さの次元] であることを考慮すると

$$Z = \sqrt{\frac{\mu}{\varepsilon}} \cdot \eta \tag{5.36}$$

ここで η は**構造係数**である．同軸ケーブルやストリップライン，導波管など種々の構造により電磁界分布が変化するためにインダクタンスやキャパシタンスの形状により構造係数 η は異なる値となる．

例題 5.3

同軸ケーブルがある．内導体の半径を r_1，外導体の半径を r_2 とし，間の絶縁体の比誘電率を ε_r，比透磁率を $\mu_r = 1$ とする．この同軸ケーブルの特性インピーダンスを求めなさい．

【解答】 単位長さ当たりの容量 C の計算をする．中心導体の線電荷密度を λ とすると導体間電圧 V は $V = \frac{\lambda}{2\pi\varepsilon_0\varepsilon_r} \log_e \frac{r_2}{r_1}$．したがって，$C = \frac{2\pi\varepsilon_0\varepsilon_r}{\log_e \frac{r_2}{r_1}}$．一方，導体間の単位長さ当たりの磁束 Φ は電流を I として，$\Phi = \int_{r_1}^{r_2} \frac{\mu_0 I}{2\pi r} dr = \frac{\mu_0 I}{2\pi} \log_e \frac{r_2}{r_1}$．したがって，単位長さ当たりのインダクタンス L は $L = \frac{\mu_0}{2\pi} \log_e \frac{r_2}{r_1}$ となる．特性インピーダンス Z は $Z = \sqrt{\frac{L}{C}} = \sqrt{\frac{\mu_0}{\varepsilon_0\varepsilon_r}} \frac{1}{2\pi} \log_e \frac{r_2}{r_1}$ になる．∎

5.5 光波のパワーと電磁界のエネルギー密度

空間に蓄積される電気エネルギー U_e は次式で与えられる.

$$U_\mathrm{e} = \tfrac{1}{2}\varepsilon E^2 \tag{5.37}$$

同様に磁気エネルギー U_m は次式で与えられる.

$$U_\mathrm{m} = \tfrac{1}{2}\mu H^2 \tag{5.38}$$

したがって,光波が空間に蓄積するエネルギー U は両者の和となる.

$$U = U_\mathrm{e} + U_\mathrm{m} = \tfrac{1}{2}\varepsilon E^2 + \tfrac{1}{2}\mu H^2 \tag{5.39}$$

特性インピーダンス Z を用いると,以下のことがわかる.

$$\frac{U_\mathrm{e}}{U_\mathrm{m}} = \frac{\varepsilon E^2}{\mu H^2} = \frac{\varepsilon}{\mu}Z^2 = 1 \tag{5.40}$$

すなわち,電気エネルギーと磁気エネルギーは等しい.光波は,一周期の間に電気エネルギーを磁気エネルギーに変え,さらに磁気エネルギーを電気エネルギーに変えながら空間を伝搬している.また

$$\begin{aligned}U &= \tfrac{1}{2}(\varepsilon E^2 + \mu H^2) = \tfrac{1}{2}\{\varepsilon E(ZH) + \mu H\left(\tfrac{E}{Z}\right)\} \\ &= \sqrt{\varepsilon\mu}(EH) = \tfrac{1}{v}EH\end{aligned} \tag{5.41}$$

ここで,v は光速とした.ところで,**ポインティングベクトル S** は

$$|\boldsymbol{S}| = |\boldsymbol{E}\times\boldsymbol{H}| = |\boldsymbol{E}||\boldsymbol{H}| \tag{5.42}$$

ここで,電界 $\boldsymbol{E}$ と磁界 $\boldsymbol{H}$ が直交していることを考慮した.したがって

$$|\boldsymbol{S}| = vU \tag{5.43}$$

すなわち,光波のパワー密度は空間に蓄積された電磁エネルギーが光速で伝搬するものであり,ポインティングベクトルで表される.

■ 例題 5.4 ■

真空中を伝搬する電磁波がある.その電界を $E = 1\ [\mathrm{V}\cdot\mathrm{m}^{-1}]$ とする.単位面積当たり空間を伝搬する電磁波のパワーを求めなさい.

【解答】 電界を E,磁界を H とし,真空の特性インピーダンスを $Z = \sqrt{\frac{\mu_0}{\varepsilon_0}}$,光速を $c = \frac{1}{\sqrt{\varepsilon_0\mu_0}}$ とする.ポインティングベクトル $|\boldsymbol{S}|$ は

$$|\boldsymbol{S}| = EH = \tfrac{E^2}{Z} = \tfrac{1}{120\pi} = 2.65\times 10^{-2}\ [\mathrm{W}]$$

5章の問題

5.1 式 (5.17) と式 (5.19) を用いて，ポインティングベクトル S の方向と空間周波数ベクトル k が同じ方向になることを説明しなさい．

5.2 交流電力を伝送するには導線が必要である．しかし，光波を伝送させるには導線は必要ない．同じ電磁波でありながら，伝送に導線を必要とするものと必要ないものとに分かれる理由を説明しなさい．

5.3 式 (5.1)，式 (5.2) を用いて電磁波の単位体積当たりの電磁界エネルギー U とポインティングベクトル S の間には $\frac{dU}{dt} = -\nabla \cdot S$ の関係が成り立つことを示しなさい．

第6章

光波の偏光と反射率

　この章では光波について基本的な事項を説明する．光波は横波を扱う．進行方向に垂直な2次元空間内で，電界ベクトルを2つの直交するベクトルに分解する．この2つの電界ベクトルの強度や位相関係で合成電界ベクトルの伝搬の様子は変わる．また，光波の反射では境界条件に則して2つの電界ベクトルに分解するために，直交する2つのベクトルの反射率と透過率は異なる．ところで，100%光波が反射する全反射の場合に，光波は反射面の向こう側の媒質の影響を受けているのだろうか．

6.1 偏 光

5.3節で述べたように，一様な物質中を伝搬する平面波は伝搬方向と垂直な電界と磁界を持つ．これら電界と磁界はそれぞれ直交する独立な2組の電磁界ベクトルに分けられる．光波がz軸方向に伝搬する場合，2組の電磁界ベクトルは次式になる．

$$\begin{aligned}\boldsymbol{E}_\mathrm{a} &= (E_x,\ 0,\ 0) \\ &= (E_{0x}\exp(j\omega t - jkz),\ 0,\ 0)\end{aligned} \quad (6.1)$$

$$\begin{aligned}\boldsymbol{H}_\mathrm{a} &= (0,\ H_y,\ 0) \\ &= (0,\ \tfrac{E_x}{Z},\ 0) \\ &= (0,\ \tfrac{E_{0x}}{Z}\exp(j\omega t - jkz),\ 0)\end{aligned} \quad (6.2)$$

$$\begin{aligned}\boldsymbol{E}_\mathrm{b} &= (0,\ E_y,\ 0) \\ &= (0,\ E_{0y}\exp(j\omega t - jkz),\ 0)\end{aligned} \quad (6.3)$$

$$\begin{aligned}\boldsymbol{H}_\mathrm{b} &= (-H_x,\ 0,\ 0) \\ &= (-\tfrac{E_y}{Z},\ 0,\ 0) \\ &= (-\tfrac{E_{0y}}{Z}\exp(j\omega t - jkz),\ 0,\ 0)\end{aligned} \quad (6.4)$$

ここで，電界と磁界は式 (5.32)，式 (5.33) に示したように式 (5.35) の特性インピーダンスで関係付けられる．光波の電界 $\boldsymbol{E}$ と磁界 $\boldsymbol{H}$ はこの両者をベクトル合成したものである．

$$\boldsymbol{E} = a\boldsymbol{E}_\mathrm{a} + b\boldsymbol{E}_\mathrm{b} \quad (6.5)$$

$$\boldsymbol{H} = a\boldsymbol{H}_\mathrm{a} + b\boldsymbol{H}_\mathrm{b} \quad (6.6)$$

ただし，a, b は任意のスカラー数（複素数）である．たとえば，$a \neq 0, b = 0$ の場合には光の電界ベクトルはx軸方向に偏って振動する．同様に，$a = 0, b \neq 0$ の場合にはy軸方向に偏って振動する．このような振動電界の偏りを**偏光**という．前者は，x軸方向に**直線偏光**した光波であり，後者はy軸方向に直線偏光した光波である．偏光は電界で特徴付けられる．電界が決まれば，磁界はおのずと式 (6.2)，式 (6.4) で決まる．

$a = b$ の場合には，振動する電界ベクトルの方向（偏光方向）はx軸から 45°傾いた方向の直線偏光になる．偏光方向は光波の進行方向から後ろ向きに光波

6.1 偏光

を見たときの方向をいう．x軸方向を上下に取ると（上方を正），y軸方向の正は光波の進行方向から後ろ向きに見たときには逆に左手方向になる．したがって，光波は左に45°傾いて偏光している．

では，$a = 1, b = \exp\left(j\frac{\pi}{2}\right)$，すなわち$y$成分が$x$成分に対して$\frac{\pi}{2}$進んだ位相で振動している場合はどうだろうか．この場合には右円偏光となる．進行方向から後ろ向きに見て，電界ベクトルが時計回りに回転している場合には**右円偏光**といい，反時計方向に回転している場合には**左円偏光**という．

$|a| \neq |b|$でE_yの位相がϕ進んだ場合には**楕円偏光**になる（図 6.1）．

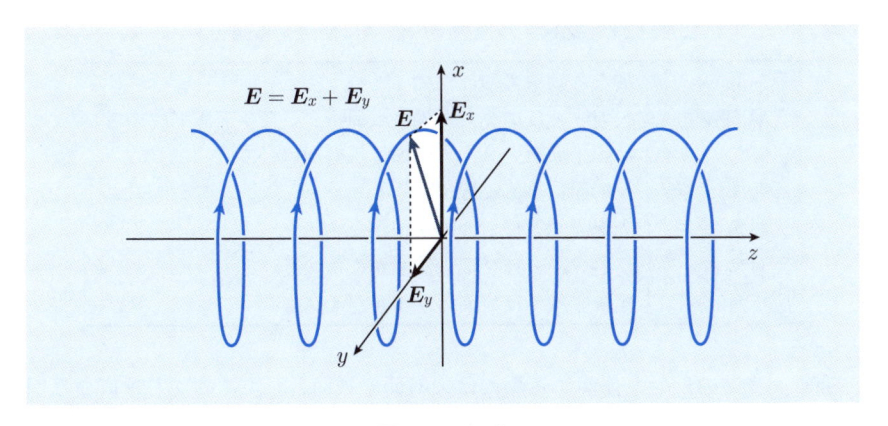

図 6.1　偏光

■ **例題 6.1** ■

光波が直交する電界ベクトル $E_x(t,z), E_y(t,z)$ で表される場合を考える．
(1) その合成電界
$$E(t,z) = E_x(t,z) + E_y(t,z)$$
が右回りの楕円偏光になるための条件を示しなさい．
(2) 円偏光と楕円偏光では何が異なるか．

【解答】　(1) $E_x(t,z)$ に対して，$E_y(t,z)$ が位相進みの場合の偏光は右回り，位相遅れの場合の偏光は左回りになる．

(2) x軸方向とy軸方向の電界の大きさが等しい場合は円偏光，異なる場合は楕円偏光になる．

6.2 フレネル反射

反射の問題を考える．屈折率の異なる 2 つの物質の境界面を平面とし，手前側の物質 1 の屈折率を n_1，向こう側の物質 2 の屈折率を n_2 とする．ここで，式 (4.1) の屈折率の定義と式 (5.21) の光速の式より比誘電率は $\varepsilon_{r1} = n_1^2$，$\varepsilon_{r2} = n_2^2$ である．比透磁率は $\mu_{r1} = \mu_{r2} = 1$ とする．一般的に可視光域では，透磁率に関係する電子スピン分布は磁界振動に追従できない．このために比透磁率は 1 に近似できる．表 6.1 に使用する言葉を説明する．

表 6.1 フレネル反射での説明に使用する語句

反射面	異なる物質の境界面のこと
入射面	入射光と反射光，透過光（屈折光）は平面を形成する．この平面をいう．入射面は反射面に必ず直交する．
反射面の法線	反射面に垂直な線
入射角 θ_i	入射光線と反射面の法線がなす角度
反射角 θ_r	反射光線と反射面の法線がなす角度
屈折角 θ_t	屈折光線と反射面の法線がなす角度

通常，光波の反射を作図する際には入射面を紙面とし，この面と垂直な反射（境界）面は境界線として紙面上に描く．したがって，反射面は紙面上に垂直に立てた面になる．反射面の法線はこの境界線と垂直になる（図 6.2）．また，2 つの物質の境界面が曲面の場合は入射点での接平面が反射面になる．

入射角 θ_i（$0 \leq \theta_i \leq \frac{\pi}{2}$）で入射した入射光線の一部は境界で屈折し，屈折角 θ_t の屈折光線となる．残りの入射光線は反射され，反射角 θ_r の反射光線となる．物質の境界で光波の電界と磁界は境界条件を満たすように接続される．座標軸は一意的に定まり，3 軸は光波の進行方向（z 軸），反射面に平行な方向（x 軸），入射面に平行な方向（y 軸）になる．これらにあわせて，偏光の基本ベクトル方向を決める．すなわち

(1) 反射面に平行な x 軸方向（入射面に垂直）
(2) 入射面に平行な y 軸方向（反射面とは角度 θ_i をなす）

の互いに直交する 2 方向にする．前者の電界を持つ光波を S 波（ドイツ語 Senkrecht の頭文字：垂直の意味），後者の電界を持つ光波を P 波（ドイツ語 Parallelismus の頭文字：平行の意味）という．光波の電界，磁界は S 波と P 波

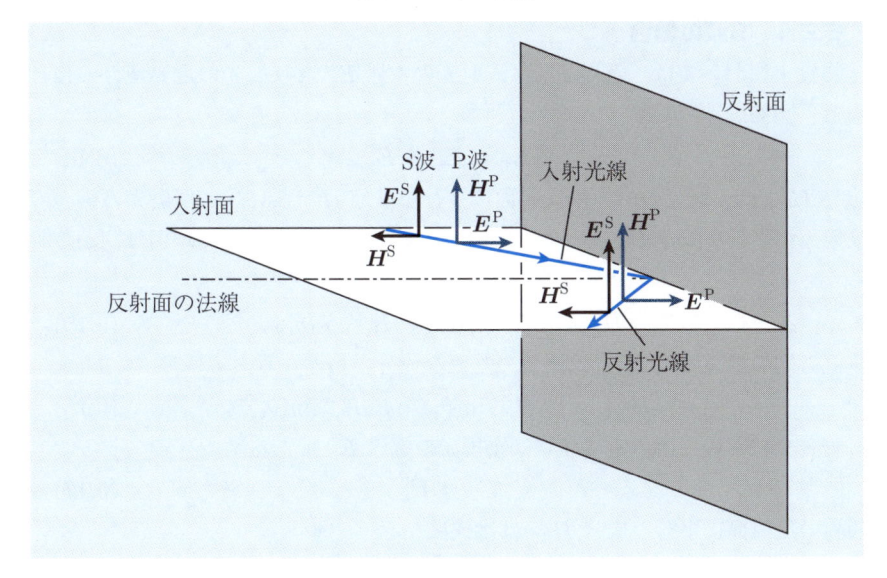

図 6.2 反射面と入射面

のベクトル和で表すことができる．
$$E = E^S + E^P, \quad H = H^S + H^P$$
電界，磁界の境界条件式 (5.7)〜式 (5.9) は次式になる．
(1) S波（S波の電界は境界に平行）
$$E_1^S = E_2^S \tag{6.7}$$
$$H_{\parallel 1} = H_{\parallel 2} \tag{6.8}$$
$$B_{\perp 1} = B_{\perp 2} \tag{6.9}$$
(2) P波（P波の磁界は境界に平行）
$$H_1^P = H_2^P \tag{6.10}$$
$$E_{\parallel 1} = E_{\parallel 2} \tag{6.11}$$
$$D_{\perp 1} = D_{\perp 2} \tag{6.12}$$
$\varepsilon = n^2 \varepsilon_0$（$n$ は屈折率），$\mu = \mu_0$, $Z_0 = \sqrt{\frac{\mu_0}{\varepsilon_0}}$ の関係を用いると
$$Z = \sqrt{\frac{\mu}{\varepsilon}} = \frac{Z_0}{n} \tag{6.13}$$
になる．以上で準備ができたので反射率を算出する．

6.2.1 S波の場合

物質1においては，電界 $\boldsymbol{E}_1$ は入射光の電界 $\boldsymbol{E}_i^S$ と反射光の電界 $\boldsymbol{E}_r^S$ の和となる（図 6.3）．

$$\boldsymbol{E}_1 = \boldsymbol{E}_i^S + \boldsymbol{E}_r^S \tag{6.14}$$

磁界 $\boldsymbol{H}_{\parallel 1}$ は入射光の磁界の反射面に平行な成分 $H_i^S \cos(\theta_i)$ と反射光の磁界の反射面に平行な成分 $H_r^S \cos(\theta_r)$ の差になる（和でなく差になる理由は図から明らか）．

$$H_{\parallel 1} = H_i^S \cos(\theta_i) - H_r^S \cos(\theta_r) \tag{6.15}$$

垂直方向の磁束密度 $B_{\perp 1}$ は両者の垂直な成分の和となる．

$$B_{\perp 1} = \mu_0 H_i^S \sin(\theta_i) + \mu_0 H_r^S \sin(\theta_r) \tag{6.16}$$

物質2においては，電界 $\boldsymbol{E}_2$ は屈折光の電界 $\boldsymbol{E}_t^S$ である．

$$\boldsymbol{E}_2 = \boldsymbol{E}_t^S \tag{6.17}$$

磁界の反射面に平行な成分 $H_{\parallel 2}$ は次式になる．

$$H_{\parallel 2} = H_t^S \cos(\theta_t) \tag{6.18}$$

また，磁束密度の反射面に垂直な成分 $B_{\perp 2}$ は次式になる．

$$B_{\perp 2} = \mu_0 H_t^S \sin(\theta_t) \tag{6.19}$$

したがって，これら電界，磁界の間には次式の関係が成り立つ．

- $E_1 = E_2$

$$E_i^S + E_r^S = E_t^S \tag{6.20}$$

- $H_{\parallel 1} = H_{\parallel 2}$

$$H_i^S \cos(\theta_i) - H_r^S \cos(\theta_r) = H_t^S \cos(\theta_t) \tag{6.21}$$

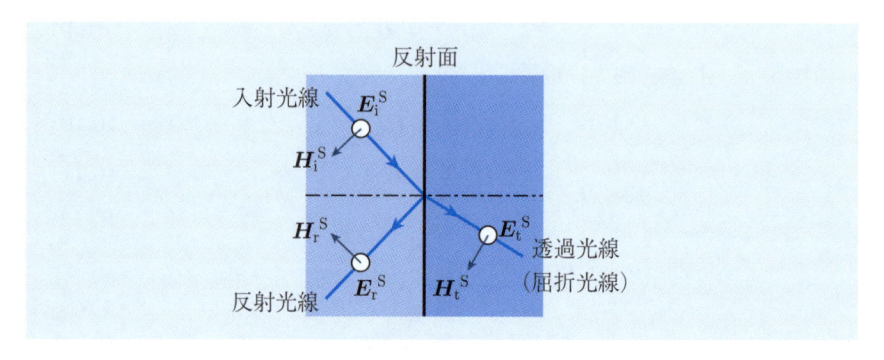

図 6.3 S波の入射光の電界と反射光の電界および屈折光の電界

6.2 フレネル反射

- $B_{\perp 1} = B_{\perp 2}$

$$\mu_0 H_i^S \sin(\theta_i) + \mu_0 H_r^S \sin(\theta_r) = \mu_0 H_t^S \sin(\theta_t) \tag{6.22}$$

一方, $\theta_i = \theta_r$ の関係と式 (5.35) の特性インピーダンス Z_1, Z_2 を用いるとこれらの式は次式になる.

$$E_i^S + E_r^S = E_t^S \tag{6.23}$$

$$\frac{E_i^S - E_r^S}{Z_1} \cos(\theta_i) = \frac{E_t^S}{Z_2} \cos(\theta_t) \tag{6.24}$$

$$\frac{E_i^S + E_r^S}{Z_1} \sin(\theta_i) = \frac{E_t^S}{Z_2} \sin(\theta_t) \tag{6.25}$$

この 3 式より以下の関係が導かれる. 式 $(6.23) \times \frac{\cos(\theta_t)}{Z_2} -$ 式 (6.24) より

$$(E_i^S + E_r^S)\frac{\cos(\theta_t)}{Z_2} = (E_i^S - E_r^S)\frac{\cos(\theta_i)}{Z_1} \tag{6.26}$$

式 $(6.23) \times \frac{\sin(\theta_t)}{Z_2} -$ 式 (6.25) より

$$(E_i^S + E_r^S)\frac{\sin(\theta_t)}{Z_2} = (E_i^S + E_r^S)\frac{\sin(\theta_i)}{Z_1} \tag{6.27}$$

式 (6.13), 式 (6.27) から

$$\frac{\sin(\theta_t)}{Z_2} = \frac{\sin(\theta_i)}{Z_1} \implies n_1 \sin(\theta_i) = n_2 \sin(\theta_t) \tag{6.28}$$

よって, スネルの式が導出できる.

式 (6.26) から

$$E_r^S \left(\frac{\cos(\theta_i)}{Z_1} + \frac{\cos(\theta_t)}{Z_2} \right) = E_i^S \left(\frac{\cos(\theta_i)}{Z_1} - \frac{\cos(\theta_t)}{Z_2} \right) \tag{6.29}$$

したがって, 入射光と反射光の電界の比 (**反射係数** r) は

$$r_S = \frac{E_r^S}{E_i^S} = \frac{\frac{\cos(\theta_i)}{Z_1} - \frac{\cos(\theta_t)}{Z_2}}{\frac{\cos(\theta_i)}{Z_1} + \frac{\cos(\theta_t)}{Z_2}} = \frac{n_1 \cos(\theta_i) - n_2 \cos(\theta_t)}{n_1 \cos(\theta_i) + n_2 \cos(\theta_t)} \tag{6.30}$$

光パワーの**反射率** R_S は

$$R_S = |r_S|^2 = \frac{(n_1 \cos(\theta_i) - n_2 \cos(\theta_t))^2}{(n_1 \cos(\theta_i) + n_2 \cos(\theta_t))^2} \tag{6.31}$$

透過率 T_S は

$$T_S = 1 - R_S = 1 - \left| \frac{n_1 \cos(\theta_i) - n_2 \cos(\theta_t)}{n_1 \cos(\theta_i) + n_2 \cos(\theta_t)} \right|^2$$

$$= \frac{4 n_1 n_2 \cos(\theta_i) \cos(\theta_t)}{(n_1 \cos(\theta_i) + n_2 \cos(\theta_t))^2} \tag{6.32}$$

となる. このように, 屈折率の異なる境界より生じる反射を**フレネル反射**という.

一方，式 (6.23), 式 (6.30) から電界の**透過係数** t_S は

$$t_S = \frac{E_t^S}{E_i^S} = 1 + \frac{E_r^S}{E_i^S}$$

$$= \frac{\frac{2\cos(\theta_i)}{Z_1}}{\frac{\cos(\theta_i)}{Z_1} + \frac{\cos(\theta_t)}{Z_2}} = \frac{2n_1 \cos(\theta_i)}{n_1 \cos(\theta_i) + n_2 \cos(\theta_t)} \quad (6.33)$$

となる．電力の透過率 T_S と電界の透過係数 t_S の間には式 (6.32), 式 (6.33) から以下の関係がある．

$$T_S = \frac{n_2 \cos(\theta_t)}{n_1 \cos(\theta_i)} |t_S|^2$$

$$= \frac{\frac{\cos(\theta_t)}{Z_2}}{\frac{\cos(\theta_i)}{Z_1}} |t_S|^2 \quad (6.34)$$

式 (5.34), 式 (5.42) の関係を用いると次の式になる．

$$T_S = \frac{|\boldsymbol{S}_t^S| \cos(\theta_t)}{|\boldsymbol{S}_i^S| \cos(\theta_i)} \quad (6.35)$$

ここで，$|\boldsymbol{S}_i^S|$ は入射光のポインティングベクトルの大きさ，$|\boldsymbol{S}_t^S|$ は透過光のポインティングベクトルの大きさである．すなわち，透過率は透過光パワーと入射光パワーの境界面に垂直な成分の比である．これは，当然の関係といえる．

■ 例題 6.2 ■

$n_1 = 1.5, n_2 = 1$ とする．n_1 から n_2 に光波を入射させる．入射角 θ_i を $0°$ から $90°$ まで変化させた場合の反射係数 r_S と反射率 R_S を計算してグラフを描きなさい．

【解答】

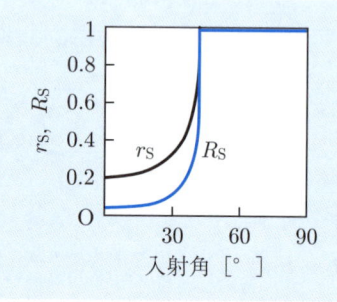

図 6.4 S 波の反射係数と反射率

6.2.2 P波の場合

式 (6.10)〜式 (6.12) を用いることで S 波と同様に導出できる．ここでは結果のみを示す．

$$r_\mathrm{P} = \frac{E_\mathrm{r}^\mathrm{P}}{E_\mathrm{i}^\mathrm{P}}$$
$$= \frac{Z_1 \cos(\theta_\mathrm{i}) - Z_2 \cos(\theta_\mathrm{t})}{Z_1 \cos(\theta_\mathrm{i}) + Z_2 \cos(\theta_\mathrm{t})}$$
$$= \frac{n_2 \cos(\theta_\mathrm{i}) - n_1 \cos(\theta_\mathrm{t})}{n_2 \cos(\theta_\mathrm{i}) + n_1 \cos(\theta_\mathrm{t})} \tag{6.36}$$

$$t_\mathrm{P} = \frac{E_\mathrm{t}^\mathrm{P}}{E_\mathrm{i}^\mathrm{P}} = 1 + \frac{E_\mathrm{r}^\mathrm{P}}{E_\mathrm{i}^\mathrm{P}}$$
$$= \frac{2 Z_2 \cos(\theta_\mathrm{i})}{Z_1 \cos(\theta_\mathrm{i}) + Z_2 \cos(\theta_\mathrm{t})}$$
$$= \frac{2 n_1 \cos(\theta_\mathrm{i})}{n_2 \cos(\theta_\mathrm{i}) + n_1 \cos(\theta_\mathrm{t})} \tag{6.37}$$

$$R_\mathrm{P} = |r_\mathrm{P}|^2 = \left|\frac{n_2 \cos(\theta_\mathrm{i}) - n_1 \cos(\theta_\mathrm{t})}{n_2 \cos(\theta_\mathrm{i}) + n_1 \cos(\theta_\mathrm{t})}\right|^2 \tag{6.38}$$

$$T_\mathrm{P} = 1 - R_\mathrm{P} = \frac{4 n_1 n_2 \cos(\theta_\mathrm{i}) \cos(\theta_\mathrm{t})}{(n_2 \cos(\theta_\mathrm{i}) + n_1 \cos(\theta_\mathrm{t}))^2}$$
$$= \frac{n_2 \cos(\theta_\mathrm{t})}{n_1 \cos(\theta_\mathrm{i})} |t_\mathrm{P}|^2 = \frac{|\boldsymbol{S}_\mathrm{t}^\mathrm{P}|}{|\boldsymbol{S}_\mathrm{i}^\mathrm{P}|} \frac{\cos(\theta_\mathrm{t})}{\cos(\theta_\mathrm{i})} \tag{6.39}$$

例題 6.3

$n_1 = 1.5$, $n_2 = 1$ とする．n_1 から n_2 に光波を入射させる．入射角 θ_i を $0°$ から $90°$ まで変化させた場合の反射係数 r_P と反射率 R_P を計算してグラフを描きなさい．

【解答】

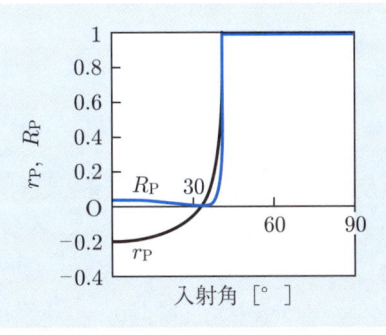

図 6.5 P 波の反射係数と反射率

6.3 反射特性

6.3.1 全反射

式 (6.30), 式 (6.36) はスネルの式を用いると次式となる.

$$r_S = \begin{cases} \dfrac{n_1 \cos(\theta_i) - \sqrt{n_2^2 - n_1^2 \sin^2(\theta_i)}}{n_1 \cos(\theta_i) + \sqrt{n_2^2 - n_1^2 \sin^2(\theta_i)}} & (n_2^2 - n_1^2 \sin^2(\theta_i) \geq 0) \quad (6.40) \\ \exp(j2\Phi_S) & (n_2^2 - n_1^2 \sin^2(\theta_i) < 0) \quad (6.41) \end{cases}$$

$$r_P = \begin{cases} \dfrac{n_2 \cos(\theta_i) - \frac{n_1}{n_2}\sqrt{n_2^2 - n_1^2 \sin^2(\theta_i)}}{n_2 \cos(\theta_i) + \frac{n_1}{n_2}\sqrt{n_2^2 - n_1^2 \sin^2(\theta_i)}} & (n_2^2 - n_1^2 \sin^2(\theta_i) \geq 0) \quad (6.42) \\ \exp(j2\Phi_P) & (n_2^2 - n_1^2 \sin^2(\theta_i) < 0) \quad (6.43) \end{cases}$$

ここで

$$\Phi_S = -\tan^{-1}\left(\frac{\sqrt{n_1^2 \sin^2(\theta_i) - n_2^2}}{n_1 \cos(\theta_i)}\right) \quad (6.44)$$

$$\Phi_P = -\tan^{-1}\left(\frac{n_1\sqrt{n_1^2 \sin^2(\theta_i) - n_2^2}}{n_2^2 \cos(\theta_i)}\right) \quad (6.45)$$

すなわち

$$\theta_i \leq \sin^{-1}\left(\frac{n_2}{n_1}\right)$$

の場合には r_S, r_P は実数であるが

$$\theta_i > \sin^{-1}\left(\frac{n_2}{n_1}\right)$$

になると r_S, r_P は絶対値 1 で偏角 $2\Phi_S, 2\Phi_P$ の複素数になる. ここで

$$\theta_C = \sin^{-1}\left(\frac{n_2}{n_1}\right)$$

を**臨界角**といい, $\theta_i \geq \theta_C$ で反射率 R_S, R_P は

$$R_S = 1$$

$$R_P = 1$$

となる. この状態を**全反射**という. $\theta_i > \theta_C$ になると反射波は入射波に対して位相は $2\Phi_S, 2\Phi_P$ だけ遅れる. この位相遅れを**グース–ヘンシェンシフト**という. 直観的には, 光波は物質 2 に浸み出し, 物質 1 に戻ると思えばよい. 式 (6.44), 式 (6.45) を計算するとわかるが入射角度によりシフト量は異なる. しかし, 直観的に, 全反射時には光は波長程度の距離だけ物質 2 に浸み出すと覚えておくと良い (**図 6.6**).

6.3 反射特性

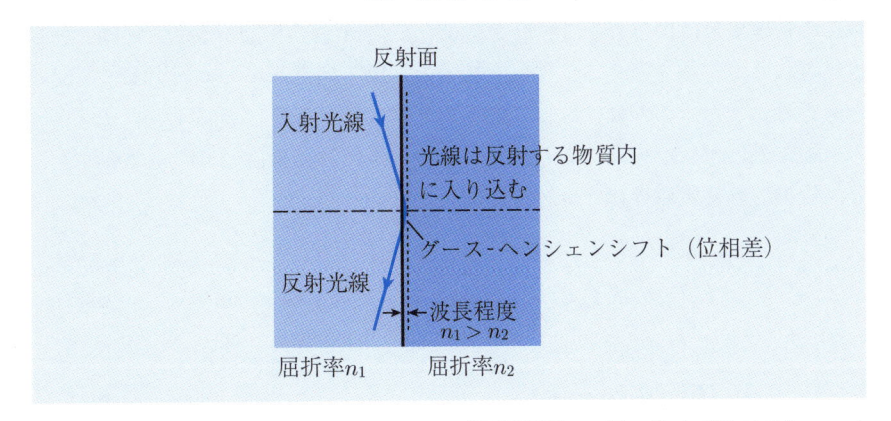

図 6.6 グース–ヘンシェンシフト（反射媒質への浸み込みが生じる）

6.3.2 ブルースター角

反射係数 r_S および r_P が 0 となる場合はあるのだろうか．入射角 θ_i を臨界角以下の範囲 $\theta_i \leq \theta_C$ で調べてみる．すると式 (6.42) より

$$\theta_i = \theta_B = \tan^{-1}\left(\frac{n_2}{n_1}\right) \tag{6.46}$$

で r_P のみが 0 になる．このときの角度 θ_B を**ブルースター角**という．スネルの式 (6.28) を考え合わせるとわかるが，入射角（ブルースター角）と屈折角の間には

$$\theta_B + \theta_t = \frac{\pi}{2} \tag{6.47}$$

の関係が成り立つ（**図 6.7**）．すなわち，物質 2 の屈折光の電界方向と，物質 1 の反射光の電界方向は 90° の角度になっている．この場合に反射光はなくなる．言い換えると光波は反射できなくなる．

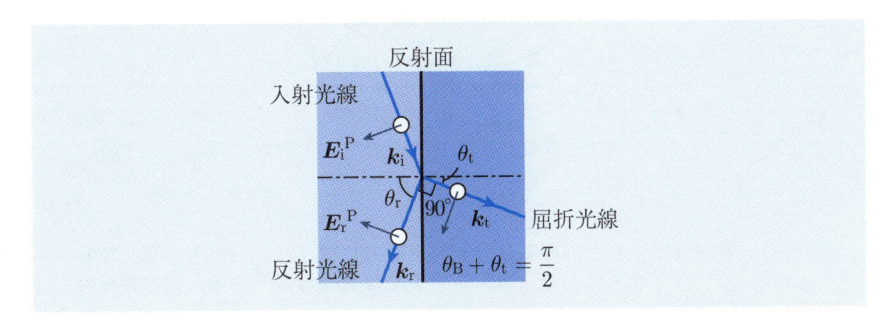

図 6.7 ブルースター角

この物理現象は次のように解釈できる．まず，1個の振動する電気双極子から放出される電磁波を考える．電気双極子の振動方向を軸にして円周上に角度 ϕ を考える．また，この軸に対して角度 θ を取る（図 6.8）．すなわち，$\theta = 0, \pi$ のときに軸と平行な方向になり，$\theta = \frac{\pi}{2}$ のときに軸と垂直の方向になる．すると，放出される電磁界は十分遠方では

$$E_r(r, \theta, \phi, t) = 0 \tag{6.48}$$

$$E_\theta(r, \theta, \phi, t) \propto \frac{j}{2\lambda r} \sqrt{\frac{\mu}{\varepsilon}} \exp\left(j\omega t - j\frac{2\pi}{\lambda} r\right) \sin(\theta) \tag{6.49}$$

$$E_z(r, \theta, \phi) = 0 \tag{6.50}$$

$$H_r(r, \theta, \phi) = 0 \tag{6.51}$$

$$H_\theta(r, \theta, \phi) = 0 \tag{6.52}$$

$$H_\phi(r, \theta, \phi) \propto \frac{j}{2\lambda r} \exp\left(j\omega t - j\frac{2\pi}{\lambda} r\right) \sin(\theta) \tag{6.53}$$

となる．言いたいことは至極簡単で $\theta = 0, \pi$ の方向には電磁波は放出されないということである．すなわち，振動する電気双極子から，振動方向には電磁波は放出されないのである．もう一度ブルースター角を見てみると，式 (6.47) が成り立っている．すなわち，屈折光の方向と反射光の方向は直交している．屈折光の振動電界はその伝搬方向に垂直である．当然，その電界で形成される電気双極子も進行方向に垂直に振動する．この振動子からは振動方向に垂直，すなわちブルースター角で入射したP波は反射方向には電磁波は放出されない．

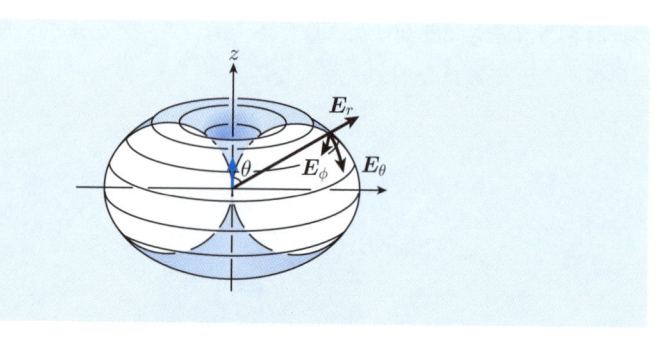

図 6.8 電気双極子からの電磁波の放射（遠方では E_θ と H_ϕ となる．エレメントを水平にした八木アンテナでは電界は水平方向，磁界は垂直に放射される）

6.3 反射特性

■ 例題 6.4 ■

$n_1 = 1.5, n_2 = 1$ とする．n_1 から n_2 に光波を入射させる．入射角を θ_i，臨界角を θ_C とする．θ_C を求めなさい．$\theta_C < \theta_i$ の場合のグース–ヘンシェンシフト $2\Phi_S$ を計算してグラフを描きなさい．

【解答】 式 (6.40) より臨界角 θ_C は

$$n_2^2 - n_1^2 \sin^2(\theta_C) = 0$$

すなわち

$$\begin{aligned}\theta_C &= \sin^{-1}\left(\frac{n_2}{n_1}\right) \\ &= \sin^{-1}\frac{1}{1.5} \\ &= 41.8°\end{aligned}$$

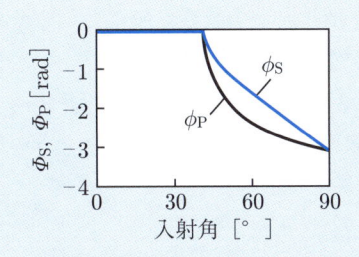

図 6.9 S 波と P 波のグース–ヘンシェンシフト量

■ 例題 6.5 ■

【例題 6.4】で，n_1 から n_2 に光波を入射させた場合のブルースター角を求めなさい．

【解答】 ブルースター角を θ_B とすると

$$\begin{aligned}\theta_B &= \tan^{-1}\left(\frac{n_2}{n_1}\right) \\ &= \tan^{-1}\left(\frac{1}{1.5}\right) \\ &= 33.7°\end{aligned}$$

となる．

6.4 薄膜の多重反射

屈折率 n_1，厚さ d の薄膜が，屈折率 1 と屈折率 n_2 の物質に挟まれて置かれている場合の反射率および透過率を考える．薄膜に入射した光波は薄膜の両面で，反射や透過を繰り返しながら薄膜内を往復する．反射係数や透過係数は，この現象を順次追いかけることで計算できる（図6.10）．

入射光から順に考える．

(a) まず，入射時に反射が生じる．
(b) 透過した光波は薄膜中を伝搬し裏面で反射される．
(c) 反射された光波は反対方向に薄膜中を伝搬し入射側表面に達し透過する．
(d) 表面で反射された光波は薄膜内を伝搬し裏面で反射される．

この後は，(c) と (d) を繰り返す．計算を簡単にするために垂直入射を考えるが，角度入射でも同様に計算が可能である．

入射電界を E_i とし，表面の反射係数を r_1，裏面を r_2 とする．透過係数はそれぞれ t_1, t_2 とする．表面から裏面まで伝搬したときの位相変化を ϕ として反射電界 E_r を計算する．

(a) 表面の反射電界は $r_1' E_\mathrm{i}$
(b) 裏面の反射電界は $r_2 t_1 \exp(j\phi) E_\mathrm{i}$
(c) 表面での透過電界は $t_1 r_2 t_1 \exp(j2\phi) E_\mathrm{i} = r_2 (t_1)^2 \exp(j2\phi) E_\mathrm{i}$
(d) 裏面の反射電界は $r_2 r_1 r_2 t_1 \exp(j3\phi) E_\mathrm{i} = r_1 (r_2)^2 t_1 \exp(j3\phi) E_\mathrm{i}$
(e) 表面での透過電界は $t_1 r_2 r_1 r_2 t_1 \exp(j4\phi) E_\mathrm{i} = r_1 (r_2)^2 (t_1)^2 \exp(j4\phi) E_\mathrm{i}$
$\vdots$

これらを重ね合わせると，表面からの反射電界 E_r は

$$\begin{aligned}
E_\mathrm{r} &= r_1' E + r_2 (t_1)^2 \exp(j2\phi) E_\mathrm{i} + r_1 (r_2)^2 (t_1)^2 \exp(j4\phi) E_\mathrm{i} \\
&\quad + (r_1)^2 (r_2)^3 (t_1)^2 \exp(j6\phi) E_\mathrm{i} + (r_1)^3 (r_2)^4 (t_1)^2 \exp(j8\phi) E_\mathrm{i} + \cdots \\
&= r_1' E + r_2 (t_1)^2 \exp(j2\phi) \sum_{k=0} \{r_1 r_2 \exp(j2\phi)\}^k E_\mathrm{i} \\
&= \frac{r_1' + \{(t_1)^2 - (r_1)^2\} r_2 \exp(j2\phi)}{1 - \{r_1 r_2 \exp(j2\phi)\}} E_\mathrm{i}
\end{aligned} \tag{6.54}$$

したがって，反射率 R は次式で与えられる．

6.4 薄膜の多重反射

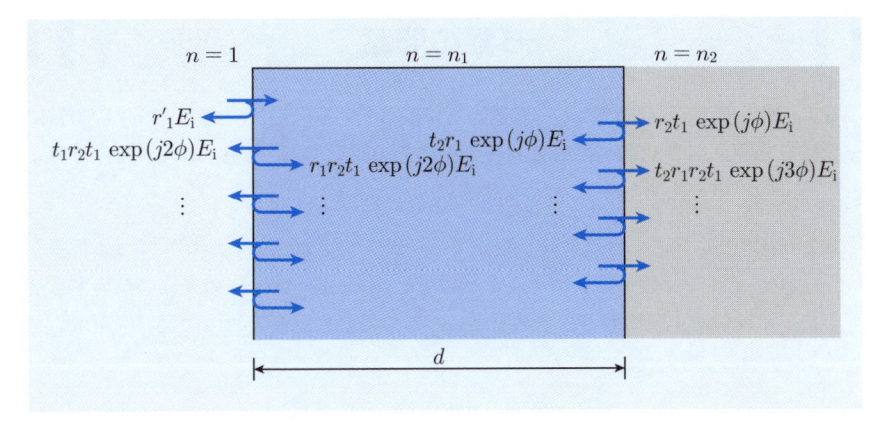

図 6.10 薄膜による多重反射

$$R = \left|\frac{E_r}{E_i}\right|^2 = \left|\frac{r_1' + \{(t_1)^2 - (r_1)^2\}r_2 \exp(j2\phi)}{1 - \{r_1 r_2 \exp(j2\phi)\}}\right|^2 \quad (6.55)$$

となる．したがって，透過率 T は

$$T = 1 - R = 1 - \left|\frac{r_1' + \{(t_1)^2 - (r_1)^2\}r_2 \exp(j2\phi)}{1 - \{r_1 r_2 \exp(j2\phi)\}}\right|^2 \quad (6.56)$$

ただし，$\phi = \frac{2\pi n_1 d}{\lambda}$, $r_1 = -r_1' = \frac{n_1-1}{n_1+1}$, $r_2 = \frac{n_1-n_2}{n_1+n_2}$, $t_1 = \frac{2}{1+n_1}$, $t_2 = \frac{2n_2}{n_1+n_2}$．

■ 例題 6.6 ■

屈折率 $n_2 = 1.5$ の媒質上に，屈折率 $n_1 = 1.7$ で厚さ $d = 0.5\,[\mu m]$ の薄膜が形成されている．この薄膜に光波を垂直入射させる．光波の波長 λ を 500 nm から 1500 nm まで変化させた場合の反射率 R を計算してグラフに描きなさい．

【解答】

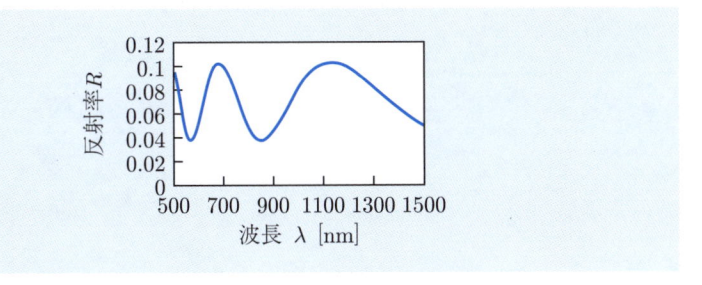

図 6.11 薄膜をコートしたガラスの反射率

6章の問題

6.1 屈折率 n_1 と屈折率 n_2 の透明物質が接している．n_1 の物質から n_2 の物質に光波を垂直入射させた．反射電界の位相はその屈折率 n_1 と n_2 の大小関係で異なる．この理由を説明しなさい．

6.2 眼鏡のレンズには反射防止膜がコーティングされている．レンズの屈折率を 1.7，コーティング膜の屈折率を 1.4 としたとき，波長 500 nm の光波の反射率を最小にする反射防止膜の厚さを求めなさい．この場合に垂直入射時の反射率を求めなさい．

6.3 式 (6.36)，式 (6.37) を導出しなさい．

第7章

レンズと結像

　等方性の媒質中では光波は等位相面の勾配の方向に伝搬する．たとえば，平面波は波面に垂直に，球面波は半径方向に伝搬する．したがって，この波面形状を制御することで，光波の伝搬方向を変えることができる．具体的には，透過する媒質の形状を変えることで可能となる．たとえば，湾曲した波面を持つ光波も，平面波に変換することは原理的に可能である．これは，非球面レンズとして応用されている．さらに，光波をいくつかに分割し，それぞれの波面を独立して制御することで，これを合成した光波の波面制御を行うことも可能である．フレネルレンズがこの例である．レンズを波面変換素子と捉えることで，種々の応用が可能になる．

7.1 光路長

光ビーム径の非常に小さい理想的な光線を考える．光源から出た光線は，場所に依存した屈折率を持つ物質を通過するとする．便宜上，この光線上には光源から放出された後の時間が刻まれていると考える．種々の方向に放出された光線は物質を通過して 1 点に集光するように，この物質はできている．この場合，光線はどのような通り道（光路）を通るのだろうか．出射された複数本の光線を考えることで，この光線の光路を考えてみる（図 7.1）．

種々の光線の放出後の時刻 t_1 の点を結ぶと面を形成する．この面は等位相面 ϕ_1 になる．同様に放出後の時刻 $t_2, t_3, \ldots$ の点を結ぶと $\phi_2, \phi_3, \ldots$ の等位相面が形成される．いま，1 本の光線 A_1 に着目する．仮に放出後の時刻を t_2 とする．この光線上の点 $\bm{r}_1(t_2)$ は等位相面 ϕ_2 上に存在する．時間が経過し時刻 t_3 になると，等位相面 ϕ_3 上の点 $\bm{r}_1(t_3)$ に移動する．$t_3 - t_2 = \Delta t$ は十分に小さいものとする．この間の光線の軌跡はどのようになるだろうか．$\bm{r}_1(t_2)$ の付近では等位相面を平面（接平面）と考えることができる．2.1.2 項で述べたように，光線の方向はこの点 $\bm{r}_1(t_2)$ での 3 次元空間周波数ベクトル $\bm{k}$ の方向と一致する．また，光線は時間 Δt で距離

$$\bm{r}_1(t_3) - \bm{r}_1(t_2) = \Delta\bm{r}_1(\Delta t)$$

を移動する．したがって，この間の位相差 $\Delta\phi = \phi_3 - \phi_2$ は

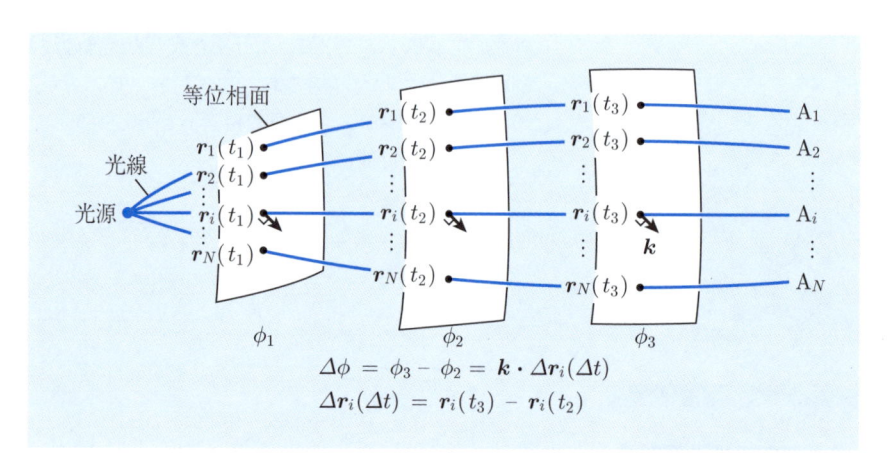

図 7.1　光源からの光路と等位相面（光路長が最小になるように光路は決まる）

7.1 光路長

$$\Delta\phi = \boldsymbol{k} \cdot \Delta\boldsymbol{r}_1(\Delta t)$$

と表される．一般的に光線 A_1 に沿って時間 $t = t_a$ が経過した点での位相 ϕ は

$$\phi = \int_0^{t_a} \boldsymbol{k} \cdot \boldsymbol{r}_1(t)\, dt \tag{7.1}$$

と表される．ここで $\boldsymbol{r}_1(t)$ は光線 A_1 の時刻 t における位置，つまり軌跡を示す．さて，種々の光線 A_i の軌跡 $\boldsymbol{r}_i$ を考える．光線がどのような軌跡を取ろうと等位相面上では位相が等しいことから，次式が成り立つ．

$$\phi = \int_0^{t_a} \boldsymbol{k} \cdot \boldsymbol{r}_i(t)\, dt \tag{7.2}$$

逆に，光線の軌跡 $\boldsymbol{r}_i$ はこの式を満たさなければならないことを意味している．光線は放出後の時刻 t のときに位置 $\boldsymbol{r}$ で屈折率 $n(\boldsymbol{r})$ の物体を通過すると考えると，このときの3次元空間周波数ベクトルは

$$\boldsymbol{k} = n(\boldsymbol{r})\boldsymbol{k}_0$$

と表される．そのため，時刻 t_a での位置を $\boldsymbol{r}_a = \boldsymbol{r}(t_a)$ とおくと次式が得られる．

$$\begin{aligned}\phi &= \boldsymbol{k}_0 \int_0^{t_a} n(\boldsymbol{r}) \cdot \boldsymbol{r}(t)\, dt \\ &= \boldsymbol{k}_0 \int_0^{\boldsymbol{r}_a} n(\boldsymbol{r})\, d\boldsymbol{r}\end{aligned} \tag{7.3}$$

光線はこの位相が最小になるように軌跡 $\boldsymbol{r}(t)$ を決めながら物質中を進むことになる．これを**フェルマーの原理**という．

このように考えると，なぜ光線は先にある物質の屈折率がわからないのに間違いなく光路を決定できるか不思議に思うだろう．波動として考えた場合，式 (7.3) を満たす最小の光路以外を通る波動は位相が異なるために干渉により消滅してしまう．したがって，光波は光路を最小とする軌跡を辿る．たとえば光線は最小の光路とわずかに異なる経路を通った場合，位相変化量は十分に小さいと想像できる．すなわち，最小光路は停留的な経路になる．このように光路を求める方法は**変分法**といわれる．

また，積分 $\int_0^{\boldsymbol{r}_a} n(\boldsymbol{r})\, d\boldsymbol{r}$ は光線の軌跡に沿った光学的長さになる．これを**光路長**という．屈折率 n が一様な物質中では距離 L 離れた点までの光路長は nL になる．

7.2 球面レンズと集光

球面レンズを用いて平行光を焦点に集光させるためには，レンズの光軸に沿って入射する平面波をレンズ通過後に焦点を中心にした球面波に**波面変換**すればよい．また，光波には**可逆性**があるので，これは焦点から出た球面波がレンズ通過後に平面波に波面変換されることを意味する．この様子を図7.2に示す．ただし，ここでは球面レンズは**薄肉レンズ**で，光軸の近くの光線，すなわち**近軸光線**のみを考えることにする．

図に示すように，レンズの中心と光軸の交点をOとする．レンズの屈折率をn，中心部での厚さをdとし，**レンズの曲率半径をR，焦点距離をf**とする．光軸上の光波の進行方向を正にしてz座標を取る．軸対称なので，レンズの中央から周辺に向かってレンズの半径方向にr座標を考える．焦点に集光する光波のレンズ通過後の波面は球面波であるから，レンズの中心で接する球面波上の光軸からr_1離れた点は

$$(r, z) = \left(r_1, \frac{d}{2} + f - \sqrt{f^2 - r_1^2}\right)$$

になる．また，平面波の光軸からr_1離れた点は$(r, z) = (r_1, -\frac{d}{2})$と表される．この差がレンズで補償する光路差になる．

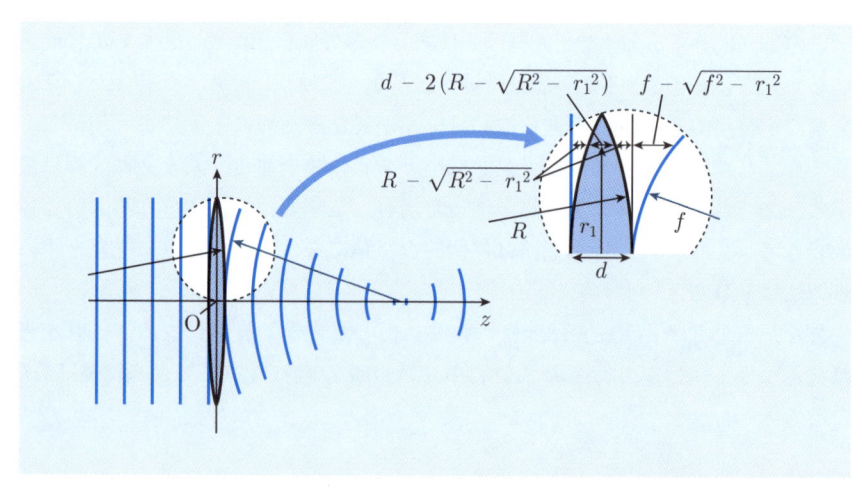

図7.2 レンズによる波面変換（薄膜レンズの近軸光線）

7.2 球面レンズと集光

ところで, 光軸から r 座標方向へ距離 r_1 の点のレンズの厚さは

$$d - 2\left(R - \sqrt{R^2 - r_1^2}\right)$$

となる. したがって, レンズを通過することにより, 点 r_1 での光路長は

$$nd + 2(1-n)\left(R - \sqrt{R^2 - r_1^2}\right)$$

となる. 当然, レンズの中央 $r=0$ では光路長は nd である. したがって, レンズの中央を通った光波と点 r_1 を通った光波の光路差は

$$2(1-n)\left(R - \sqrt{R^2 - r_1^2}\right)$$

になる. この光路差と焦点に集光する球面波の波面の差 $f - \sqrt{f^2 - r_1^2}$ は一致しなければならない.

$$2(n-1)\left(R - \sqrt{R^2 - r_1^2}\right) \cong f - \sqrt{f^2 - r_1^2} \tag{7.4}$$

ここで, 近似式

$$y - \sqrt{y^2 - x^2} \cong y - y\left(1 - \frac{1}{2}\frac{x^2}{y^2}\right) = \frac{1}{2}\frac{x^2}{y}$$

を用いると式 (7.4) は

$$(n-1)\frac{r_1^2}{R} = \frac{1}{2}\frac{r_1^2}{f} \tag{7.5}$$

になる. したがって

$$f = \frac{R}{2(n-1)} \tag{7.6}$$

の関係が得られる. すなわち, 球面レンズの屈折率 n と曲率 R を決めると焦点距離 f は式 (7.6) で定まる. この導出では, 近軸光線と薄肉レンズであることを仮定している.

■ **例題 7.1** ■

式 (7.4)〜(7.6) を導出しなさい.

【解答】 式 (7.4) の導出：図 7.2 から自明である. ただし, レンズの境界面での屈折を考慮していない. このために肉厚レンズにおいては誤差が大きくなる.

式 (7.5) の導出：近似式

$$R - \sqrt{R^2 - r_1^2} \cong \frac{1}{2}\frac{r_1^2}{R}$$

$$f - \sqrt{f^2 - r_1^2} \cong \frac{1}{2}\frac{r_1^2}{f}$$

を式 (7.4) に代入する.

式 (7.6) の導出：$\frac{2}{r_1^2}$ を式 (7.5) の両辺に掛けて, 分母分子を反転させる. ■

7.3 結像

(1) **結像の式** 球面レンズは焦点を中心とする球面波を平面波に変換する波面変換素子である．この特性から光線を用いて考えると以下の現象が起こることになる．

> (1) 光軸に対して平行な光線は球面レンズを通った後に焦点を通る．
> (2) 焦点を通る光線は球面レンズを通った後に平行になる．
> (3) 光軸に対して軸対称であることから，球面レンズの中心を通る光線は直進する．

これに合うように図 7.3 を描いた．球面レンズの焦点距離を f とする．物体の大きさを A，像の大きさを B とする．焦点から物体までの距離を x，反対側の焦点から像までの距離を x' とする．すると簡単な幾何学から以下の関係が成り立つ．

$$\frac{B}{A} = \frac{x'}{f} = \frac{f}{x} \tag{7.7}$$

一方，物体から球面レンズ中心までの距離を a，像から球面レンズ中心までの距離を b とすると

$$a = x + f \tag{7.8}$$
$$b = x' + f \tag{7.9}$$

これらの式 (7.7)〜式 (7.9) より，x および x' を消去すると

$$\frac{1}{a} + \frac{1}{b} = \frac{1}{f} \tag{7.10}$$

が成り立つ．この式を薄肉レンズの**結像の式**という．

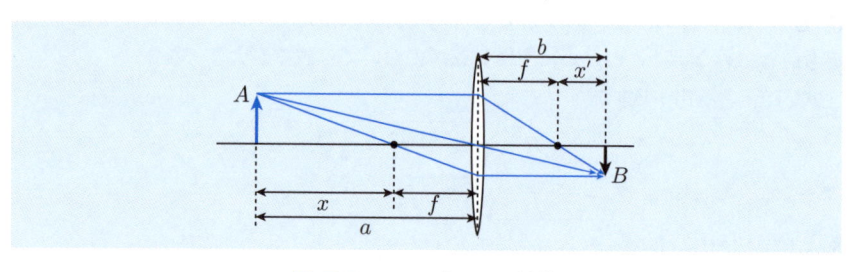

図 7.3 レンズによる結像

(2) 横倍率 また，倍率 α は
$$\alpha = \frac{B}{A} = \frac{b}{a} \tag{7.11}$$
この倍率を**横倍率**という．

(3) 縦倍率 物体が光軸方向に長さがある場合，光軸上で球面レンズの中心から物体までの距離を a_1, a_2 とする．ここで，a_1 はレンズに近い側，a_2 は遠い側の距離である．物体の軸上の長さは $a_2 - a_1$ となる．同様に，結像側でもレンズに近い側を b_1，遠い側を b_2 とすると，像の軸上の長さは $b_2 - b_1$ となる．一方，結合の式 (7.10) より
$$\frac{1}{a_1} + \frac{1}{b_2} = \frac{1}{f} \tag{7.12}$$
$$\frac{1}{a_2} + \frac{1}{b_1} = \frac{1}{f} \tag{7.13}$$
が成り立つ．したがって，光軸方向の倍率 β は
$$\beta = \frac{b_2 - b_1}{a_2 - a_1} = \frac{b_1 b_2}{a_1 a_2} = \alpha^2 \tag{7.14}$$
となる．これを**縦倍率**（光軸方向の倍率）という．

(4) 角度倍率 一方，光軸上にある点光源から放射される光線を考えてみる．光線はレンズを通過後に光軸上の点に集光する．いま，光軸と角度 θ_a で放射された光線がレンズを通過後に光軸と角度 θ_b で集光されたとする．この場合に**角度倍率** γ は
$$\gamma = \frac{\tan(\theta_b)}{\tan(\theta_a)} = \frac{\frac{1}{b}}{\frac{1}{a}} = \frac{a}{b} = \frac{1}{\alpha} \tag{7.15}$$
となる．

(5) F ナンバー レンズの直径 D と焦点距離 f の比
$$F = \frac{f}{D} \tag{7.16}$$
を **F ナンバー**という．これはレンズの明るさを表す指数である．像の明るさは F^2 と反比例する．

(6) 収差 球面レンズでは点光源から種々の角度で放出された光線は 1 点に集光するはずである．しかし，実際には点光源とレンズの距離，または光軸からのレンズ照射点までの距離により屈折の状況は異なる．さらに，厚肉レンズの場合には中心から照射点までの距離により集光点は異なり 1 点には集光しなくなる．点光源がレンズの光軸からずれた場合にも 1 点には集光しない．このように一般的には理想的な集光と異なりレンズを通過後に球面波にはならない．これを**波面収差**という．波面収差は 5 種類に分類され，**ザイデルの 5 収差**とい

われる (図 7.4).

(1) **球面収差**:光軸上には集光するが集光点が 1 点にはならずに,光軸からレンズの照射点までの距離により異なる.
(2) **コマ収差**:光軸からずれた点光源から放出された光線は 1 点に集光しない.光軸に垂直な投影面ではコマ状になる.
(3) **非点収差**:光源から出てレンズの中心を通る光線と光軸とを含む面を**メリジオナル面**といい,この面上の光線を**子午光線**という.また,レンズの中心を通る光線を含み,このメリジオナル面に垂直な面を**サジタル面**といい,この面上の光線を**サジタル光線**という.この 2 面上の光線は同一点に集光しない.光線が光軸から傾くとメリジオナル面の集光点の方が短くなる.この収差を**非点収差**という.
(4) **像面湾曲**:光軸からずれた点光源からの光線は 1 点に集光はするが,ズレの大きさにより光軸に沿って集光点の位置が変化する.光軸に垂直な直線状に並んだ点光源の集光点が直線ではなく曲線状に並ぶ.これを**像面湾曲**という.
(5) **像面歪**:レンズを通して均一なマス目を結像させると,たる型や糸巻型に変わる.これを**像面歪**という.

例題 7.2

式 (7.10),式 (7.11),式 (7.14),式 (7.15) を導出しなさい.

【解答】 式 (7.10) の導出:式 (7.8),式 (7.9) より

$$\frac{1}{a} + \frac{1}{b} = \frac{1}{x+f} + \frac{1}{x'+f}$$
$$= \frac{2f+x+x'}{f^2+(x+x')f+xx'} = \frac{2f+x+x'}{2f^2+(x+x')f} = \frac{1}{f}$$

ここで,式 (7.7) の 2 つ目の等号から得られる $f^2 = xx'$ を用いた.

式 (7.11) の導出:図より,$a : b = A : B$ は自明.したがって,$aB = bA$ となる.

式 (7.14) の導出:式 (7.12) − 式 (7.13) から $\frac{1}{a_1} - \frac{1}{a_2} = \frac{1}{b_2} - \frac{1}{b_1}$.したがって

$$\frac{a_2 - a_1}{a_1 a_2} = \frac{b_1 - b_2}{b_1 b_2}$$

式 (7.15) の導出:図より $\tan(\theta_a) = \frac{r}{a}$,$\tan(\theta_b) = \frac{r}{b}$.ただし,$r$ はレンズの半径.これより,r を消去して,式 (7.15) が得られる.

7.3 結像

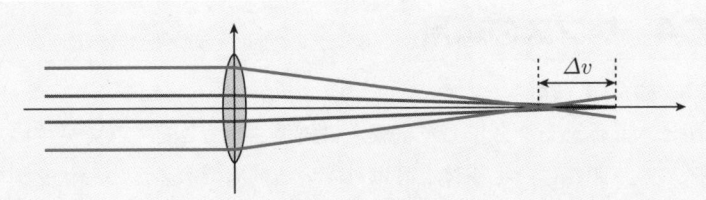

(1) 球面収差（レンズ中心部と周辺部で焦点距離が異なる．縦収差）

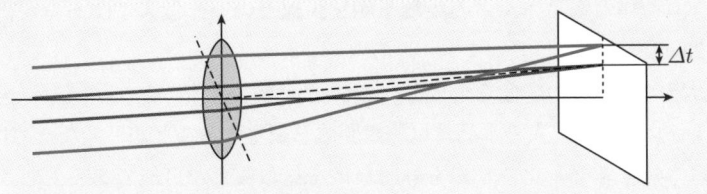

(2) コマ収差（斜め入射した場合，中心部と周辺部では平面上での焦点の位置が異なる．横収差）

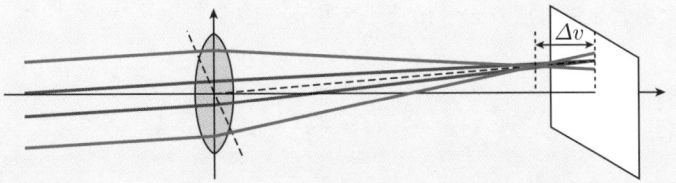

(3) 非点収差（斜め入射した場合，中心部と周辺部で焦点距離が異なる．縦収差）

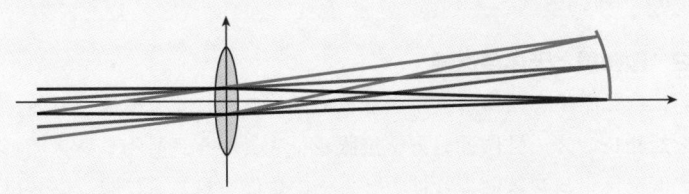

(4) 像面湾曲（入射角度により焦点距離が異なる．縦収差）

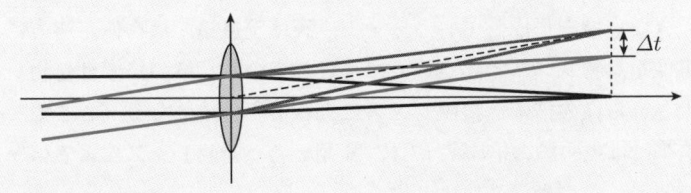

(5) 像面歪（角度入射した場合，レンズ中央を通る光線が屈折する．横収差）

図 7.4 レンズの収差（斜め入射およびレンズ周辺部入射時に生じる縦収差と横収差）

7.4 レンズの応用

7.4.1 虫眼鏡

人の眼は水晶体をレンズにして網膜上に結像させることで像を見ている．このレンズの焦点距離は，**毛様体**と呼ばれている筋肉で水晶体の形状を制御することで調整できるようになっている．眼に力を入れない状態で網膜上に結像するとき，物体の水晶体からの距離を**明視距離**といい，個人差はあるが標準としては 25 cm になる．

虫眼鏡では物体の**虚像**を形成し，この虚像を水晶体により網膜上に**実像**として結像させている．人の水晶体は焦点距離を調整することが可能なために，虫眼鏡と物体の距離を変化させても鮮明な像を見ることが可能である．しかし，これでは倍率も変化してしまう．そこで，虫眼鏡による虚像を明視距離になるようにした場合を虫眼鏡の倍率 m としている．図 7.3 より以下の関係がある．

$$\begin{aligned} m &= \frac{B}{A} \\ &= \frac{b+f}{f} \\ &= \frac{25+f}{f} \end{aligned} \tag{7.17}$$

ここで，b は明視距離とした．

7.4.2 顕微鏡と天体望遠鏡

原理的には顕微鏡も天体望遠鏡も 2 枚の凸レンズにより構成される．物体に近い方を**対物レンズ**，目に近い方を**接眼レンズ**という．対物レンズで形成した物体の実像を接眼レンズにより拡大し，その虚像を見る．接眼レンズは虫眼鏡のレンズと同様の働きをしている．**顕微鏡**では物体を対物レンズの焦点近くに置き，大きな実像を形成している．一方，**天体望遠鏡**では物体が遠方にあるために，実像を対物レンズの焦点近くに形成している．像の倍率は対物レンズにより拡大される像の倍率と接眼レンズによる倍率の積になる．ここで，接眼レンズの倍率には虫眼鏡の倍率式 (7.17) を用いる．対物レンズによる倍率は顕微鏡か望遠鏡か，その光学系により異なる．

顕微鏡の場合 対物レンズの倍率は横倍率 α を用いて，倍率 X は

$$X = \alpha m \tag{7.18}$$

7.4 レンズの応用

になる．m は接眼レンズの倍率とした．

天体望遠鏡の場合　天体と対物レンズの距離が大きいため角度倍率を用いて

$$\gamma_M = \frac{\tan(\theta_b)}{\tan(\theta_a)}$$
$$\cong \frac{\theta_b}{\theta_a} \tag{7.19}$$

ここで，θ_a は入射側（天体側），θ_b は出射側（接眼レンズ側）の光軸と光線のなす角度である．接眼レンズでも同様に

$$\gamma_m = \frac{\tan(\theta_c)}{\tan(\theta_b)}$$
$$\cong \frac{\theta_c}{\theta_b} \tag{7.20}$$

ここで，θ_b は入射側（対物レンズ側），θ_c は出射側（眼球側）の光軸と光線のなす角度である．したがって，倍率 X は

$$X = \gamma_M \gamma_m$$
$$= \frac{\theta_c}{\theta_a}$$
$$= \frac{f_0}{f_e} \tag{7.21}$$

になる．ここで，f_0 は対物レンズの焦点距離，f_e は接眼レンズの焦点距離である．対物レンズでの像はほぼ焦点上に結像する．$\tan\theta \cong \theta$ の場合，像の大きさは $f\theta$ の関係があるので，この関係式から最後の等式は求められる．

> **例題 7.3**
> 式 (7.18)，式 (7.21) を導出しなさい．

【解答】　式 (7.18) および式 (7.21) の導出は，顕微鏡と天体望遠鏡の結像図を描くと自明．

7.5 波面変換素子としてのレンズ

　光の性質として 2.2 節でも述べたが，光波の進行方向は等位相面（波面）と垂直になる．したがって，波面を制御できれば，光の進行方向を変えることが可能である．これは，光スイッチの最も基本的な動作原理でもある．また，光の波長により波面の向きを変えることができれば分光器（波長フィルタ）を構成できる．さらに，光ビームの径を変化させることも可能である．この節では**波面制御素子**としての考え方を拡張する．

　レンズと聞くと，虫眼鏡のような一体化したものを心に思い浮かべるだろう．しかし，よく考えると色々な形状のレンズができる．まず，球面レンズを同心円状に切ったドーナツ状のレンズによる集光を考える．球面レンズの一部を考えると，レンズの作用はガラスと空気の境界の形状で生じていることに気付くだろう．ドーナツの円柱の厚み部分は波面制御には不要である．この不要な部分を除去すると薄いプリズム状の輪ができる．これをドーナツ状に輪切した全てのレンズで行う．この後，元のように同心円状に配置する．これでレンズは相当に薄くなる．口径がより大きく，焦点距離のより短い厚肉レンズの方が，薄くする効果は大きい．このようなレンズを見かけたことはないだろうか．灯台のレンズはこのレンズである．これを**フレネルレンズ**という．

　次に，微小レンズの形成方法を考えてみる．平板ガラス上に，細い直線状の溝を掘る．すると，この溝を通過した光波は散乱する．理想的な幅の狭い溝を形成した場合には，散乱波は円筒状の波面を持つ．さて，ここで多数の溝を同心円状に切ることにする．中心から m 番目の溝の半径 r_m を焦点距離 f に対して

$$\sqrt{r_m^2 + f^2} - \sqrt{r_{m-1}^2 + f^2} = p\lambda \tag{7.22}$$

ただし，λ は光波の波長，p は任意の整数となるように定める．すると，ガラスを通過した平面波は通過後に，重ね合わせた散乱波の一部は波面が球面となるような光波を形成する．

$$f\sqrt{1 + \left(\frac{r_m}{f}\right)^2} - f\sqrt{1 + \left(\frac{r_{m-1}}{f}\right)^2} \cong \frac{r_m^2 - r_{m-1}^2}{2f} = p\lambda \tag{7.23}$$

したがって

$$\frac{r_m^2}{f} = 2mp\lambda \tag{7.24}$$

7.5 波面変換素子としてのレンズ

にする．こうすると結像の式は

$$\frac{1}{a} + \frac{1}{b} = \frac{1}{f}$$

$$= \frac{2mp\lambda}{r_m^2} \tag{7.25}$$

になる．平板上に式(7.24)を満たす半径 r_m の溝を形成するだけで，焦点距離 f のレンズを作ることが可能である．通常は式(7.24)で

$$p = 1$$

として溝を切らずに

$$\frac{r_m^2}{f} = m\lambda$$

(m は整数) の同心円を描き円の間を交互に黒白の濃淡を付けてレンズにする．このレンズをゾーンプレートという．

例題 7.4
式 (7.24) を導出しなさい．

【解答】 式 (7.23) より r_m^2 は初項 0，公差が $2fp\lambda$ の等差数列のため，式 (7.24) を式 (7.23) に代入すると式 (7.23) が成り立つことが確認できる． ∎

● ピンホールカメラの原理は？ ●

　レンズ上の画像はレンズを通過した後に焦点面上にフーリエ変換像を形成する．逆に，焦点面上の画像はレンズ通過後にレンズ上にフーリエ変換像を形成する．光アナログ情報処理では，レンズは画像のフーリエ変換素子として用いられている．一方，3.4 節で述べたようにフランホーファー近似が成り立つ場合，スリット上の像は回折効果によりスクリーン上にフーリエ変換像を形成する．これは，逆にスクリーン上の像はスリット上にフーリエ変換像を形成することを意味している．

　いま，ピンホールカメラで風景を撮る場合を考えてみる．スリットの場合と同様に風景はその像のフーリエ変換像をピンホール上に形成する．さらに，このピンホール上の像はフィルム上にフーリエ変換像を形成する．すなわち，ピンホールカメラは風景をフーリエ変換した像の，逆変換像をフィルム上に形成する．この様に，ピンホールカメラのピンホールはレンズと同様の作用をしている．

7章の問題

☐ **7.1** 焦点距離 50 cm で F ナンバーが 10 の球面レンズの直径とレンズ球面の曲率半径を求めなさい．ただし，レンズの屈折率は 1.46 とする．

☐ **7.2** 問 7.1 のレンズを用いて倍率 100 倍の天体望遠鏡を形成する．この場合，接眼レンズの焦点距離を求めなさい．

☐ **7.3** 波長 1 μm の光波に対して，焦点距離が 1 cm となるゾーンプレートの形状を求めなさい．

☐ **7.4** 波面変換デバイスの実例を示しなさい．

第8章
物質の構造と屈折率

　屈折率は何で決まるのだろうか．ニュートンは光も粒子であると考え，力学で説明することを試みた．皮肉にもニュートンリングは光が波動であることを証明しているのだが，粒子の真空中の速度と物質中の速度の比として屈折率を定義している．この概念は，デカルトが初めて用いたといわれている．この定義が今日でも使われている．この章では，屈折率や光吸収が生じるメカニズムについて述べる．光物性の初歩的な解説である．

8.1 ローレンツ模型と屈折率

8.1.1 比誘電率

屈折率 n は式 (4.1) および式 (5.21) より，比誘電率 ε_r と

$$n = \sqrt{\varepsilon_r} \tag{8.1}$$

の関係で結びつく．それでは，ε_r はどのように定まるのだろうか．電気磁気学の復習から始める．

誘電体表面に面密度 σ の真電荷を載せると，誘電体は分極し，面密度 σ' の分極電荷が表面に生じる（図 8.1）．このため，見かけ上の表面電荷の面密度 σ'' は

$$\sigma'' = \sigma + \sigma'$$

となる．これら面電荷と電束密度 D や分極 P の関係は次のように表される．

$$D = \sigma$$
$$\varepsilon_0 E = \sigma''$$
$$P = -\sigma'$$

したがって，これらの間には

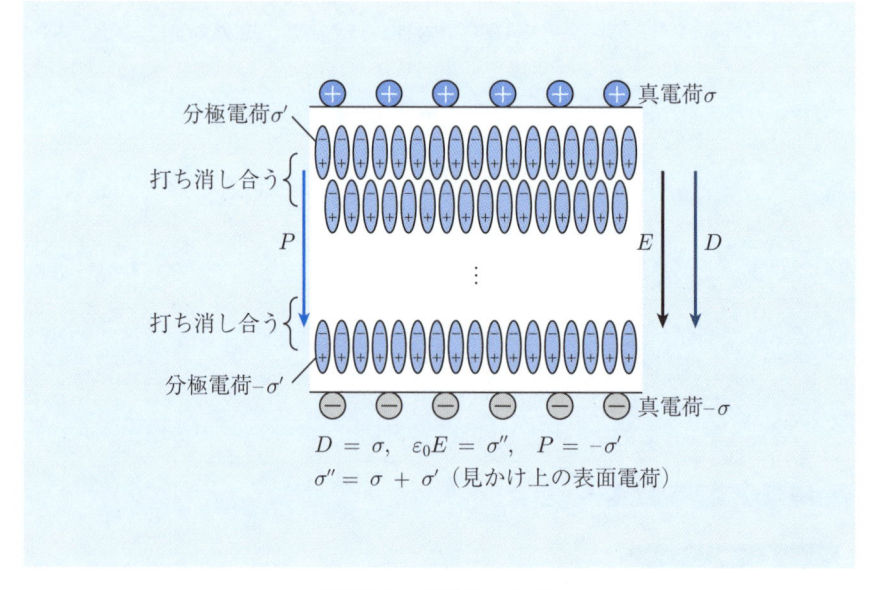

図 8.1　誘電体の分極

8.1 ローレンツ模型と屈折率

$$\varepsilon_0 E = D - P \tag{8.2}$$

の関係が成り立つ．

一方，分極電荷 σ' は電界 E に比例して生じる．したがって

$$-\frac{\sigma'}{\varepsilon_0 E} = \frac{P}{\varepsilon_0 E} = \text{const.} \quad \text{（無次元量）} \tag{8.3}$$

の関係が成り立つ．この定数は，内部の電界によりどの程度の分極電荷が生じるかその感受性を示す．そこでこれを χ と置き，電気的な感受率すなわち**比電気感受率**という．

以上をまとめると

$$\begin{aligned} D &= \varepsilon_0 E + P \\ &= \varepsilon_0 (1+\chi) E \\ &= \varepsilon_\mathrm{r} \varepsilon_0 E \end{aligned} \tag{8.4}$$

つまり

$$\varepsilon_\mathrm{r} = 1 + \chi \tag{8.5}$$

という関係が成り立つ．

8.1.2 比電気感受率（ローレンツモデル）

もう一度，分極 P を考える．電気磁気学で議論する分極は大局的（マクロ）量である．一方，それを決めているのは，原子レベルの微視的（ミクロ）量である．このマクロ量とミクロ量を結び付けるために統計力学の考え方を用いる．ここでは簡単に，ミクロ量にアボガドロ数 N_a（より正確には電気双極子の密度 N）を掛けることでマクロ量は決まると近似する．ミクロ量である**電気双極子モーメント p** のマクロ量が分極 P である．上記の近似にしたがって，両者の間には次式の関係がある．

$$\boldsymbol{P} = N\boldsymbol{p} \tag{8.6}$$

ただし，N は単位体積当たりの電気双極子モーメントの数である．電荷 q と $-q$ の電荷が距離 $\boldsymbol{x}$ だけ離れて存在する場合，電気双極子モーメント $\boldsymbol{p}$ は以下のように表される．

$$\boldsymbol{p} = q\boldsymbol{x} \tag{8.7}$$

したがって，分極 $\boldsymbol{P}$ は

$$\boldsymbol{P} = Nq\boldsymbol{x} \tag{8.8}$$

になる．

第 8 章　物質の構造と屈折率

物質内に振動電界 $\boldsymbol{E}(t)$ が存在する場合，振動電荷 $-q$ は固定電荷 q を中心に振動する．すなわち，電荷間の距離 $\boldsymbol{x}(t)$ が振動電界 $\boldsymbol{E}(t)$ により変化する．すると，この変化する $\boldsymbol{x}(t)$ によって，分極 $\boldsymbol{P}(t)$ も振動する．

まずは振動電界 $\boldsymbol{E}(t)$ と電荷間の距離 $\boldsymbol{x}(t)$ の関係を求める．計算が容易なように 1 次元モデルを考える．図 8.2 に示すように固定された中心電荷 q（イメージとしては水素原子の場合は陽子）と周囲に質量 m で移動する移動電荷 $-q$（水素原子の場合は電子）が存在する．中心電荷は静電ポテンシャル $U(r)$ を形成する．r は中心電荷から移動電荷までの距離である．振動電界 $\boldsymbol{E}(t)$ のない場合，$r = r_0$（電子の平均軌道半径）でポテンシャルは最小になる（物質は同じ空間を取ることができないために大きな反発力 $\sim r^{-12}$ を受ける）．

次に，静電ポテンシャルによって移動電荷 $-q$ に働く力を考える．これには静電ポテンシャル $U(r)$ を $r = r_0$ の近傍でテイラー展開する．

$$\begin{aligned}
U(r) &= U(r_0) + \left.\frac{\partial U(r)}{\partial r}\right|_{r=r_0} \Delta r + \frac{1}{2} \left.\frac{\partial^2 U(r)}{\partial r^2}\right|_{r=r_0} \Delta r^2 + \cdots \\
&\cong U(r_0) + \frac{1}{2} \left.\frac{\partial^2 U(r)}{\partial r^2}\right|_{r=r_0} \Delta r^2 \\
&= U(r_0) + \frac{1}{2} K x^2
\end{aligned} \tag{8.9}$$

ただし，3 次以降の項を無視した．1 次項は $r = r_0$ で最小点になるので

$$\left.\frac{\partial U}{\partial r}\right|_{r=r_0} = 0$$

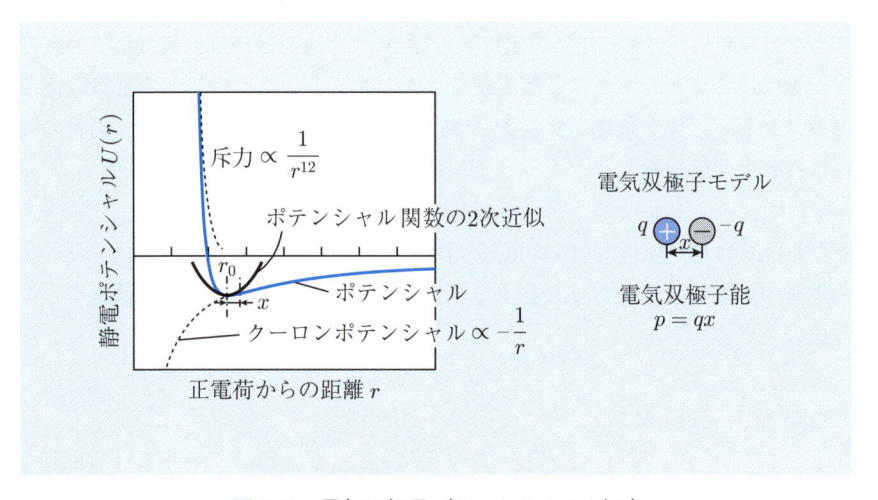

図 8.2　電気双極子（ローレンツモデル）

8.1 ローレンツ模型と屈折率

になる. ここで

$$K = \left.\frac{\partial^2 U}{\partial r^2}\right|_{r=r_0}$$

$$\Delta r = x$$

と置いた. K はバネ定数である. 最小ポテンシャルの位置 $r = r_0$ にある移動電荷は, このバネにより振動することになる. この振動する移動電荷は他の振動電荷や固定電荷の影響もわずかに受ける. たとえば, 熱により固定電荷が振動している場合には熱振動の影響も静電ポテンシャルを通して受ける. 振動する移動電荷はこのような影響によりエネルギー(運動量)を失う. この効果を**運動量緩和**という. これは運動量に比例した量になる(質点系の摩擦もこれと同種の現象である). 運動量緩和も考慮した電界 $E(t)$ の中の移動電荷 $(-q)$ の運動方程式は次式になる.

$$m\frac{d^2x}{dt^2} + \frac{m}{\tau}\frac{dx}{dt} + Kx = -qE(t) \tag{8.10}$$

ここで, τ を**運動量緩和時間**という.

$$\omega_0 = \sqrt{\frac{K}{m}} \tag{8.11}$$

とおくと

$$\frac{d^2x}{dt^2} + \frac{1}{\tau}\frac{dx}{dt} + \omega_0^2 x = -\frac{q}{m}E(t) \tag{8.12}$$

となる. この式の電界を

$$E(t) = E_0 \exp(j\omega t)$$

とおいて解く.

$$x(t) = x_0 \exp(j\omega t)$$

として微分方程式に代入すると次式が得られる.

$$-\omega^2 x_0 + \frac{j\omega}{\tau}x_0 + \omega_0^2 x_0 = -\frac{q}{m}E_0 \tag{8.13}$$

したがって

$$x_0 = -\frac{q}{m}\left(\frac{1}{\omega_0^2 - \omega^2 + \frac{j\omega}{\tau}}\right)E_0 \tag{8.14}$$

となる. 分極 P は次式で与えられる.

$$P(t) = \frac{q^2 N}{m}\left(\frac{1}{\omega_0^2 - \omega^2 + \frac{j\omega}{\tau}}\right)E_0 \exp(j\omega t)$$

$$= \frac{q^2 N}{m}\left(\frac{1}{\omega_0^2 - \omega^2 + \frac{j\omega}{\tau}}\right)E(t) \tag{8.15}$$

すなわち，比電気感受率 χ は次式になる．

$$\chi = \frac{q^2 N}{m\varepsilon_0}\left(\frac{1}{\omega_0^2-\omega^2+\frac{j\omega}{\tau}}\right)$$
$$= \frac{q^2 N}{m\varepsilon_0}\frac{\omega_0^2-\omega^2}{(\omega_0^2-\omega^2)^2+(\frac{\omega}{\tau})^2} - j\frac{q^2 N}{m\varepsilon_0}\frac{\frac{\omega}{\tau}}{(\omega_0^2-\omega^2)^2+(\frac{\omega}{\tau})^2} \quad (8.16)$$

このモデルを**ローレンツモデル**という．このモデルは電子分極による比電気感受率（すなわち，屈折率）を決定する本質的メカニズムを説明するモデルである．

8.1.3 クラウジウス–モソッティの公式

振動電界 $E(t)$ の求め方を振り返ってみる．振動電界 $E(t)$ は与えた真電荷 σ を誘電率 ε で割った値になっている．しかし，式 (8.5) より

$$\varepsilon = \varepsilon_0(1+\chi)$$

であり，この χ は振動電界 $E(t)$ から求められる．話は堂々巡りしている．すなわち，双極子に働く振動電界は周囲の双極子の影響を受ける．当然，考えている双極子も周囲の双極子に影響を及ぼす．この連鎖を矛盾なく成り立つように振動電界 $E(t)$ を求める必要がある．

このために，電気双極子は誘電体中に空けられた微小の真空孔内に存在しているものと近似してモデルは立てられている．したがって，この真空孔中での電界を矛盾なく求める必要がある．こうしてモデル化し，求めた式が**クラウジウス–モソッティの公式**である．ここでは，結果のみを示す．導出には，真電荷により生じる誘電体の真空孔表面での分極電荷を求め，この電荷により生じる真空孔内の電界を求めることが必要である．この結果，真空孔内の電界を $\boldsymbol{E}_{局所}$ とすると誘電体内の電界 $\boldsymbol{E}$ との間に以下の関係が成り立つ．

$$\boldsymbol{E}_{局所} = \boldsymbol{E} + \frac{P}{3\varepsilon_0} \quad (8.17)$$

すなわち，局所電界は真空孔の周りの誘電体の影響で $\frac{P}{3\varepsilon_0}$ だけ変化する．この結果

$$\boldsymbol{P} = \varepsilon_0 \chi \boldsymbol{E}_{局所}$$
$$= \varepsilon_0 \chi \left(\boldsymbol{E} + \frac{P}{3\varepsilon_0}\right) \quad (8.18)$$

となり，式 (8.4) を $\boldsymbol{P}$ について解いて式 (8.18) に代入することで

$$\frac{\varepsilon_r-1}{\varepsilon_r+2} = \frac{\chi}{3} \quad (8.19)$$

が得られる．気体のように電気双極子密度 N の小さな媒質では

8.1 ローレンツ模型と屈折率

$$\frac{P}{3\varepsilon_0} \ll E$$

となるので

$$\varepsilon_\mathrm{r} \cong 1 + \chi \tag{8.20}$$

と近似ができる．

■ 例題 8.1 ■

比誘電率 ε_r と比電気感受率 χ の間には式 (8.19) が成り立つ．一方，比電気感受率 χ は式 (8.16) で表される．ここで，N は電気双極子の密度である．また，屈折率 n は比誘電率を用いて

$$n = \sqrt{\varepsilon_\mathrm{r}}$$

で与えられる．空気は酸素と窒素を 4:1 の割合で混合した気体と考えた場合，空気の屈折率を求めなさい．ただし，窒素の屈折率を 1.000296，酸素の屈折率を 1.000271 とする．

【解答】 空気の混合比より

$$\frac{\varepsilon_\mathrm{r\,空気}-1}{\varepsilon_\mathrm{r\,空気}+2} = \frac{4}{5}\frac{\varepsilon_\mathrm{r\,窒素}-1}{\varepsilon_\mathrm{r\,窒素}+2} + \frac{1}{5}\frac{\varepsilon_\mathrm{r\,酸素}-1}{\varepsilon_\mathrm{r\,酸素}+2}$$

の関係がある．ここで

$$\frac{\varepsilon_\mathrm{r\,窒素}-1}{\varepsilon_\mathrm{r\,窒素}+2} = 1.973236 \times 10^{-4}$$

と

$$\frac{\varepsilon_\mathrm{r\,酸素}-1}{\varepsilon_\mathrm{r\,酸素}+2} = 1.806585 \times 10^{-4}$$

である．したがって

$$\frac{\varepsilon_\mathrm{r\,空気}-1}{\varepsilon_\mathrm{r\,空気}+2} = 1.939906 \times 10^{-4}$$

であり，空気の比誘電率は

$$\varepsilon_\mathrm{r\,空気} = 1.0005820$$

となり，空気の屈折率は

$$n = 1.000291$$

となる．なお，0°C，1 気圧での実際の空気の屈折率の測定値は 1.000292 である．■

8.2 複素屈折率と吸収係数

8.2.1 複素屈折率

式 (8.20) の近似が成り立つ場合，屈折率 n は関係式
$$n^2 = 1 + \chi$$
に式 (8.16) を代入することより次式で与えられる．
$$n = \sqrt{1 + \frac{q^2 N}{m\varepsilon_0}\left(\frac{1}{\omega_0^2 - \omega^2 + \frac{j\omega}{\tau}}\right)} \tag{8.21}$$

$\tau \neq \infty$，すなわち運動量緩和がある場合には屈折率 n は複素数になる．**複素屈折率**を改めて
$$n = n_\mathrm{r} - j\kappa$$
とおく．ここで，κ を**消衰係数**という．式 (8.21) で分母を有理化して
$$n^2 = 1 + \frac{q^2 N}{m\varepsilon_0}\frac{\omega_0^2 - \omega^2 - j\frac{\omega}{\tau}}{(\omega_0^2 - \omega^2)^2 + (\frac{\omega}{\tau})^2}$$
となるので
$$n_\mathrm{r}^2 - \kappa^2 = 1 + \frac{q^2 N}{m\varepsilon_0}\frac{\omega_0^2 - \omega^2}{(\omega_0^2 - \omega^2)^2 + (\frac{\omega}{\tau})^2} \tag{8.22}$$
$$2n_\mathrm{r}\kappa = \frac{q^2 N}{m\varepsilon_0}\frac{\frac{\omega}{\tau}}{(\omega_0^2 - \omega^2)^2 + (\frac{\omega}{\tau})^2} \tag{8.23}$$

複素屈折率の実部 n_r は議論してきた実数の屈折率 n と同じものである（$\tau \to \infty$ とすると一致する）．次に，消衰係数 κ の物理的な意味を考える．

8.2.2 吸収係数

式 (5.11) に示す光波 $\boldsymbol{E}(z,t)$ の屈折率にこの複素屈折率を代入する．
$$\boldsymbol{E}(z,t) = \boldsymbol{E}_0 \exp\{j\omega t - jk_0(n_\mathrm{r} - j\kappa)z\} \tag{8.24}$$
$$= \boldsymbol{E}_0 \exp(j\omega t - jk_0 n_\mathrm{r} z)\exp(-k_0 \kappa z) \tag{8.25}$$

一方，光のパワー $P_W(z,t)$ は式 (5.41)，式 (5.43) より
$$P_W(z,t) = |\boldsymbol{S}|$$
$$= \frac{1}{\sqrt{\varepsilon\mu}}\left(\frac{1}{2}\varepsilon|\boldsymbol{E}(z,t)|^2 + \frac{1}{2}\mu|\boldsymbol{H}(z,t)|^2\right)$$
$$= \frac{1}{Z}|\boldsymbol{E}(z,t)|^2 \tag{8.26}$$

8.2 複素屈折率と吸収係数

ここで，Z は特性インピーダンスである．したがって

$$P_W(z) = \frac{|E_0|^2}{Z}\exp(-2k_0\kappa z)$$
$$= \frac{|E_0|^2}{Z}\exp(-\alpha z) \tag{8.27}$$

ここで

$$\alpha = 2k_0\kappa$$
$$= \frac{4\pi}{\lambda_0}\kappa \tag{8.28}$$

とした．この α を **吸収係数** という．消衰係数 κ は，測定が容易な吸収係数 α と式 (8.28) で関係付けられる．

吸収係数 α の物理的意味を考えるために式 (8.27) を z について微分する．

$$\frac{dP_W(z)}{dz} = -\alpha P_W(z) \tag{8.29}$$

したがって

$$dP_W(z) = -\alpha P_W(z)\,dz \tag{8.30}$$

吸収係数 α は光波が単位長さ伝搬するときのパワー減衰の割合を示す．

■ 例題 8.2 ■

波長 $\lambda_0 = 632.8$ [nm] の光波に対するシリコンの屈折率は $n = 3.882$，消衰係数は $\kappa = 0.019$ である．吸収係数 α を求めなさい．

【解答】 式 (8.28) より

$$\alpha = \frac{4\pi}{\lambda_0}\kappa$$
$$= \frac{4 \times 3.14}{632.8 \times 10^{-9}} \times 0.019$$
$$= 3.77 \times 10^3 \text{ [cm}^{-1}]$$

となる．

8.3 複素比誘電率の周波数依存性

比誘電率 ε_r は式 (8.16), 式 (8.20) より

$$\varepsilon_r = 1 + \frac{q^2 N}{m\varepsilon_0}\left(\frac{1}{\omega_0^2 - \omega^2 + \frac{j\omega}{\tau}}\right) \tag{8.31}$$

$$= 1 + \frac{q^2 N}{m\varepsilon_0}\frac{\omega_0^2 - \omega^2}{(\omega_0^2 - \omega^2)^2 + (\frac{\omega}{\tau})^2} - j\frac{q^2 N}{m\varepsilon_0}\frac{\frac{\omega}{\tau}}{(\omega_0^2 - \omega^2)^2 + (\frac{\omega}{\tau})^2} \tag{8.32}$$

と複素数になる. そこで

$$\varepsilon_r = \varepsilon_r' - j\varepsilon_r'' \tag{8.33}$$

と置くと

$$\varepsilon_r' = 1 + \frac{q^2 N}{m\varepsilon_0}\frac{\omega_0^2 - \omega^2}{(\omega_0^2 - \omega^2)^2 + (\frac{\omega}{\tau})^2}$$

$$= 1 + \frac{q^2 N}{m\varepsilon_0 \omega_0^2}\frac{1 - \left(\frac{\omega}{\omega_0}\right)^2}{\left\{1 - \left(\frac{\omega}{\omega_0}\right)^2\right\}^2 + \left(\frac{\omega}{\omega_0 \tau}\right)^2} \tag{8.34}$$

$$\varepsilon_r'' = \frac{q^2 N}{m\varepsilon_0}\frac{\frac{\omega}{\tau}}{(\omega_0^2 - \omega^2)^2 + (\frac{\omega}{\tau})^2}$$

$$= \frac{q^2 N}{m\varepsilon_0 \omega_0^2}\frac{\frac{\omega}{\omega_0 \tau}}{\left\{1 - \left(\frac{\omega}{\omega_0}\right)^2\right\}^2 + \left(\frac{\omega}{\omega_0 \tau}\right)^2} \tag{8.35}$$

になる. 図 8.3 に比複素誘電率 ε_r の実部と虚部の周波数依存を示す.

いま, 図 8.4 の LCR 直列回路の閉路方程式を考えてみる. 角周波数 ω とすると

$$\left(j\omega L + R + \frac{1}{j\omega C}\right)I = E \tag{8.36}$$

したがって, 両辺に $j\omega$ を掛け, L で割ることで次式が得られる.

$$\left(-\omega^2 + j\frac{\omega}{\tau} + \omega_0^2\right)I = \frac{j\omega}{L}E \tag{8.37}$$

ただし, $\tau = \frac{L}{R}, \omega_0 = \frac{1}{\sqrt{LC}}$ とした. このとき, 電圧と電流の比は

$$Y = \frac{I}{E} = \frac{j\omega}{L}\frac{1}{\omega_0^2 - \omega^2 + j\frac{\omega}{\tau}} = \frac{\frac{\omega^2}{\tau L}}{(\omega_0^2 - \omega^2)^2 + (\frac{\omega}{\tau})^2} + j\frac{(\omega_0^2 - \omega^2)\frac{\omega}{L}}{(\omega_0^2 - \omega^2)^2 + (\frac{\omega}{\tau})^2} \tag{8.38}$$

となる. この式と式 (8.16) を比較してほしい. 式 (8.16) の χ は外部電界でどの程度の分極が生じるか, その応答関数である. 一方, 式 (8.38) は印加電圧でどの程度の電流が流れるか, その応答関数である電気回路のアドミタンス Y である. 比電気感受率 χ の式 (8.16) は電気回路のアドミタンス Y に類似できる. それにならい, このような応答関数 χ を**複素アドミタンス**という.

8.3 複素比誘電率の周波数依存性

(a) ε_r の実部

(b) ε_r の虚部

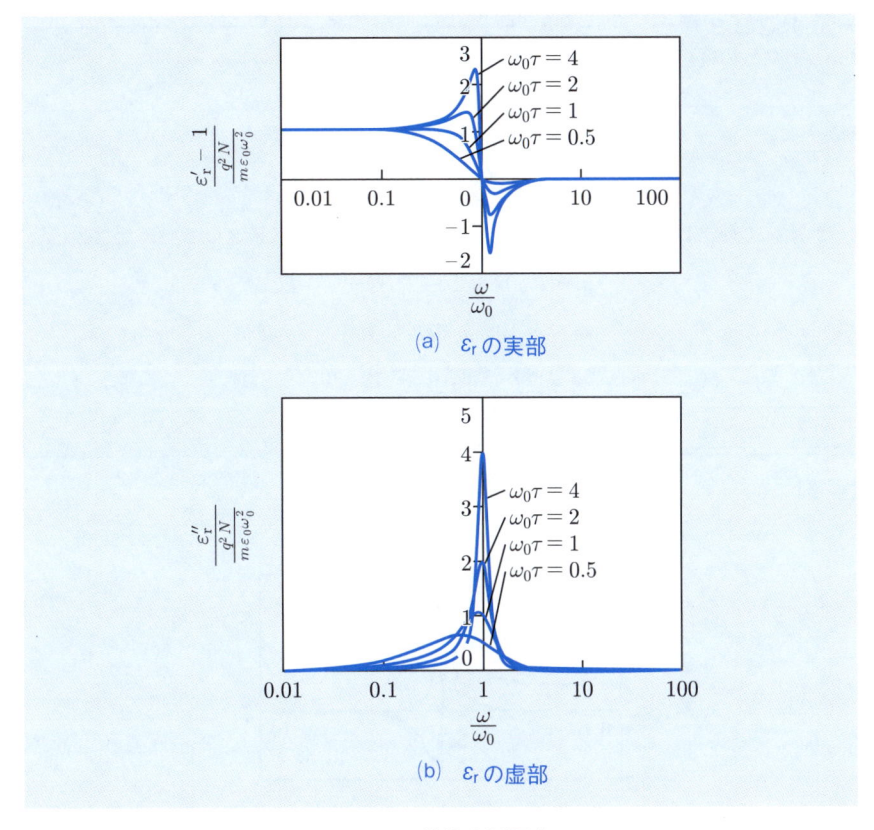

図 8.3 比複素誘電率

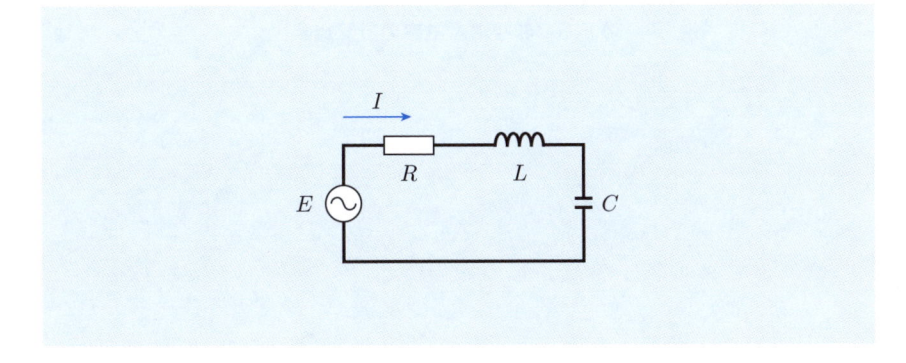

図 8.4 LCR 直列回路

■ 例題 8.3 ■

光波と物質のパラメータを

$$\omega_0 = 1.88 \times 10^{14} \ [\text{s}^{-1}]$$
$$\tau = 2.5 \times 10^{-14} \ [\text{s}]$$
$$N = 6.022 \times 10^{23} \ [\text{mol}^{-1}]$$

として式 (8.34), 式 (8.35) を計算し, ε_r', ε_r'' をグラフに描きなさい. ただし

$$q = 1.602 \times 10^{-19} \ [\text{C}]$$
$$m = 9.109 \times 10^{-31} \ [\text{kg}]$$
$$\varepsilon_0 = 8.854 \times 10^{-12} \ [\text{F} \cdot \text{m}^{-1}]$$

とする.

【解答】

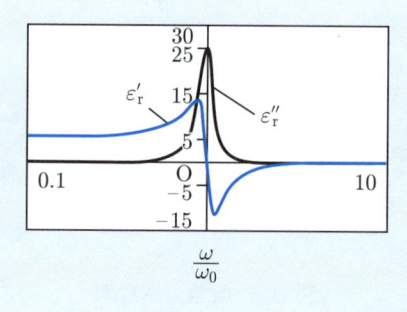

図 8.5 非複素誘電率の計算結果

8.4 イオン分極

8.1 節では原子の周囲に存在する電子による電子分極を取り扱った．しかし，イオン結晶や有機材料のように，電子が一部の原子もしくは原子団に多く存在し負に帯電し，他方の原子もしくは原子団が正に帯電している物質もある．この場合の分極はどのようになるかを考えてみる．

このモデルも式 (8.10) になる．ただし，電荷量 q は実質的な帯電電荷量 q_{eff} に，また質量は，帯電した原子または原子団間の換算質量 m_{eff} を用いることになる．さらに，ポテンシャル U は緩やかになる．このために式 (8.9) のバネ定数 K は小さく，質量は大きくなる．その結果，式 (8.11) の ω_0 は小さくなり，赤外域の角周波数になる．

波長が赤外域にある光波はこの**イオン分極**と**電子分極**の影響をともに受ける．波長を短くして可視域になると，原子や原子団の振動に起因するイオン分極は光波の電界振動に追従できなくなる．このために，電子分極だけが誘電率に寄与する．さらに，光波の波長を紫外域，X 線域と短くしていくと電子分極も追従できなくなる．この場合はまず，原子の外殻の電子が追従できなくなり，さらに波長を短くすると内殻の電子さえも追従できなくなる．こうして，波長の短い γ 線では多くの物質は透明になる．

逆に，波長をマイクロ波領域（$\sim 10^{-1}$ m）まで長くすると，**配向分極**が観測できる．これは永久双極子を持つ分子が外部電界で回転運動を行い，他の分子と衝突することで運動量を失う現象である．分子の回転運動のために，応答できる外部電界の周波数は低い．電子レンジは水分子の配向分極を利用して，マイクロ波（2.45 GHz）のエネルギーを熱に変える装置である．

8.5 屈折率の波長依存性

屈折率の波長依存性を扱う上で有効な 2 つのモデルを示す．1 つは，半導体などの光吸収領域における光学定数を扱う際に有用な**ローレンツ振動子モデル**である．もう 1 つのモデルは，ガラスや高分子など誘電体の透過領域における光学定数を扱う際に有用な**コーシー分散モデル**である．

8.5.1 ローレンツ振動子モデル

2.1 節で述べたローレンツ模型を拡張させたモデルである．半導体などの光吸収は，電子が価電子帯と伝導帯間を遷移することに起因する．価電子帯を主に形成する電子は原子軌道では p 軌道の電子であり，伝導帯を主に形成する電子は s 軌道電子である．したがって，半導体の光学定数を決める主たる要因は，p 軌道と s 軌道間の電子遷移ということになる．

これらの混成軌道の電子が電気双極子を形成する．その密度は，価電子帯・伝導帯の状態密度関数と電子正孔の存在確率を示すフェルミ分布関数の積で表される．**k 選択則**（運動量保存則）が成り立つとして Si のエネルギー帯図を見ると，$\varGamma \to L$ にかけての広い範囲でバンド間エネルギー約 3.4 eV でほぼ平行して価電子帯と伝導帯の軌道が存在する（図 8.6）．一方，$\varGamma \to K$ および $X \to K$ にかけて同様にバンド間エネルギー約 4.5 eV でほぼ平行した軌道が存在する．したがって，3.4 eV と 4.5 eV 付近の振動エネルギーを持つ電気双極子が数多く存在する．ローレンツ振動子モデルでは，複素屈折率は

$$\widetilde{\varepsilon}(E) = \varepsilon_1(\infty) + \sum_{i=1}^{N} \frac{A}{E_i^2 - E^2 + j\varGamma_i E} \tag{8.39}$$

で表される．この式で，E [eV] は測定光のエネルギーであり，他の $\varepsilon_i(\infty)$，A，E_i，$\varGamma_i$ はフィッティングパラメータである．シリコン結晶の場合，少なくとも $E_i \cong 3.4$ [eV] と 4.5 [eV] の付近の 2 項目を仮定する必要がある．実用的には，$E_i \cong 5.2$ [eV] の付近の 3 項目も考慮することが望ましい．このとき，$\varGamma_i$ には，電子–電子散乱や電子–フォノン散乱による運動量緩和の影響だけでなく，波数ベクトル k により遷移電子の軌道間エネルギーが変化する影響も取り込まれる．

8.5 屈折率の波長依存性

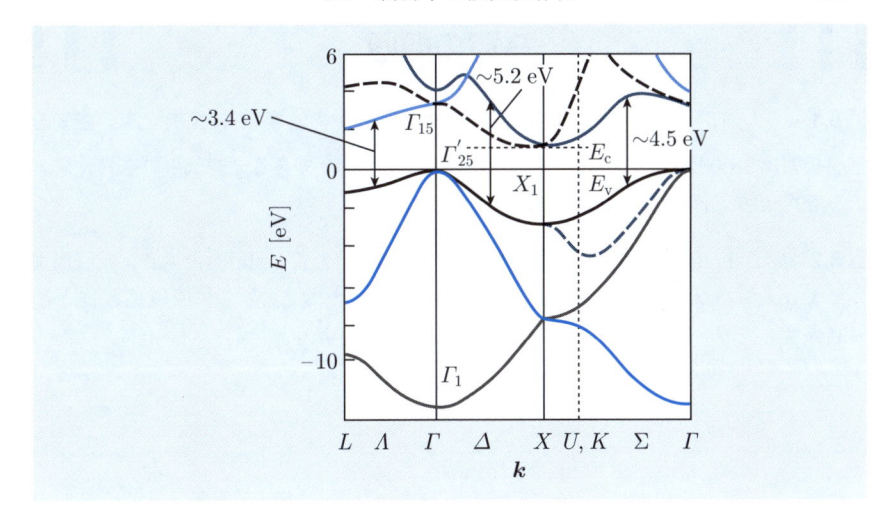

図 8.6 Si のバンド図（エネルギー差 3.4 eV と 4.5 eV を持つ広い範囲でほぼ平行した軌道が存在している）

8.5.2 コーシー分散モデル

吸収帯よりも低エネルギー（長波長）側において，屈折率 n は測定光のエネルギー E と共に減少する．そこで，エネルギー E のべき級数として展開したのがこのモデルである．一般的には，n は E の偶数次項の和で表される．

$$n(E) = A + CE^2 + DE^4 = A + \frac{C'}{\lambda^2} + \frac{D'}{\lambda^4} \tag{8.40}$$

ここに，E の 1 次の展開項を加えて

$$\begin{align}n(E) &= A + BE + CE^2 + DE^4 \\ &= A + \frac{B'}{\lambda} + \frac{C'}{\lambda^2} + \frac{D'}{\lambda^4}\end{align} \tag{8.41}$$

と非対称項を付加した分散式も用いられる場合がある．ここで，A, B, C, D は展開係数である．このとき，光吸収は消衰係数が指数関数に従うとして取り入れる．

$$\kappa(\lambda) = \alpha \exp\left\{\beta\left(\frac{1}{\lambda} - \frac{1}{400}\right)\right\} \tag{8.42}$$

フィッティングパラメータは屈折率の A, B', C', D' と，α, β である．エリプソメトリー（光波が反射するときの偏光状態）の測定結果と一致するようにこれらパラメータを求める方法が取られる．

8章の問題

☐ **8.1** 式 (8.16) と式 (8.19) から $\frac{\varepsilon_r-1}{\varepsilon_r+2}$ は電気双極子の密度 N に比例する．空気の屈折率は 1.000294，二酸化炭素の屈折率は 1.000449 である．空気中に二酸化炭素を 30% 含んだ気体の屈折率を求めなさい．

☐ **8.2** 厚さ 1 cm に物質に真空中での波長 633 nm の光波を照射した場合，吸収損失により入射パワー 1 mW の光波が 0.1 mW になった．この物質の吸収係数 α と消衰係数 κ を求めなさい．

第9章
複屈折と非線形光学効果

　入射光の電界により物質中の荷電粒子が振動させられ，その振動荷電粒子から位相の 90° 遅れた光波が放出される．物質を通過する光波は入射光と，この放出光との和になる．このために光波の位相遅れ，すなわち屈折率が生じる．荷電粒子の振動の具合は物質の置かれた状態により異なる．そのために，屈折率は入射光の電界の方向に依存する．これを複屈折という．一方，屈折率が伝搬する光の電界や外部光，外部電界で変化する効果を利用して，高調波光の発生やパラメトリック発振・増幅，4波混合など，入射光と異なる波長の光を出力したり，増幅したりすることが可能である．これらの効果を非線形光学効果と呼んでいる．この非線形光学効果を巧妙に応用することで，光通信や光情報処理の分野で多様な機能を実現している．この章では複屈折と非線形光学効果の基本的な事項について説明する．

9.1 複屈折

8.1 節で比電気感受率を求める際に，材料特有の性質は
(a) 移動電荷の質量：m
(b) 移動電荷の電荷量：q
(c) 固定電荷が形成するポテンシャル構造に起因するバネ定数：K
(d) 緩和時間：τ
(e) 電気双極子の密度：N

などを通して反映される．ポテンシャル構造に方向依存性がある場合，式 (8.9) のバネ定数 K に相当するポテンシャル U の 2 次の展開係数について考えてみる．この場合，座標 x_i, x_j の 2 階の偏微分係数は

$$\frac{\partial^2 U}{\partial x_i \partial x_j} \neq \frac{\partial^2 U}{\partial x_k \partial x_l} \quad (i,j \neq k,l, \; ただし, \; i,j,k,l = 1,2,3) \tag{9.1}$$

となり，2 階のテンソルで表される（テンソルについては後ほど式 (9.4) で説明）．また，式 (8.10) の緩和時間 τ も同様に

$$\tau_{i,j} \neq \tau_{k,l} \quad (i,j \neq k,l, \; ただし \; i,j,k,l \neq 1,2,3) \tag{9.2}$$

と想定できる．この結果，式 (8.16) の比電気感受率 χ，および (8.20) の屈折率 n も電界方向により異なる成分を持つ 2 階のテンソル $\chi_{i,j}$，および $n_{i,j}$ となる．この様に光波の電界方向により屈折率に違いが生じる現象を**複屈折**という．これは結晶の対称性と密接に関係する．結晶の構造が 1 軸方向だけ異なる場合，または 3 軸とも異なる場合がある．特に 1 軸方向だけ異なる結晶，たとえば石英結晶（六方晶）が光学的応用としては興味深い．

光波の電界の振動方向と電子の振動方向の違いから，振動電界とは異なる方向成分の電束密度を持つ光波が放出される場合もある．一般に，異方性物質中の電束密度ベクトル $\boldsymbol{D}'$ と電界ベクトル $\boldsymbol{E}'$ の間には以下の関係が成り立つ．

$$\begin{bmatrix} D'_1 \\ D'_2 \\ D'_3 \end{bmatrix} = \varepsilon_0 \begin{bmatrix} \varepsilon'_{r11} & \varepsilon'_{r12} & \varepsilon'_{r13} \\ \varepsilon'_{r21} & \varepsilon'_{r22} & \varepsilon'_{r23} \\ \varepsilon'_{r31} & \varepsilon'_{r32} & \varepsilon'_{r33} \end{bmatrix} \begin{bmatrix} E'_1 \\ E'_2 \\ E'_3 \end{bmatrix} = \varepsilon_0 [\varepsilon'_r] \begin{bmatrix} E'_1 \\ E'_2 \\ E'_3 \end{bmatrix} \tag{9.3}$$

ここで，$[\varepsilon'_r]$ を**比誘電率テンソル**という．たとえば，テンソル成分 ε_{r12} は 2 個のベクトル $\begin{bmatrix} 1 & 0 & 0 \end{bmatrix}$ と $\begin{bmatrix} 0 \\ 1 \\ 0 \end{bmatrix}$ を用いて

9.1 複屈折

$$\begin{bmatrix} 1 & 0 & 0 \end{bmatrix} \begin{bmatrix} \varepsilon'_{r11} & \varepsilon'_{r12} & \varepsilon'_{r13} \\ \varepsilon'_{r21} & \varepsilon'_{r22} & \varepsilon'_{r23} \\ \varepsilon'_{r31} & \varepsilon'_{r32} & \varepsilon'_{r33} \end{bmatrix} \begin{bmatrix} 0 \\ 1 \\ 0 \end{bmatrix} = \varepsilon'_{r12} \tag{9.4}$$

と決まる．このように 2 個のベクトルでスカラー量が決まり，そのベクトルに対して線形な場合，**2 階のテンソル**という（これは 3 行 3 列の行列で表現できる）．比誘電率テンソルは 2 階のテンソルである．たとえば ε'_{rij} では，j 軸方向の電界が i 軸方向の電束密度ベクトルに寄与する比誘電率であり，これは i 軸方向の電界が j 軸方向の電束密度ベクトルに寄与する比誘電率 ε'_{rji} に等しい．

$$\varepsilon'_{rij} = \varepsilon'_{rji} \tag{9.5}$$

したがって，比誘電率テンソルは対角成分 3 個と比対角成分 3 個の 6 個の要素のテンソルになる．座標変換をすることにより，式 (9.3) の比誘電率テンソル $[\varepsilon'_r]$ の対角化を行う．座標の変換行列 $[T]$ の求め方は線形代数の本を参考にしてほしい．式 (9.3) に左から行列 $[T]^{-1}$ を掛けると

$$[T]^{-1} \begin{bmatrix} D'_1 \\ D'_2 \\ D'_3 \end{bmatrix} = \varepsilon_0 [T]^{-1} \begin{bmatrix} \varepsilon'_{r11} & \varepsilon'_{r12} & \varepsilon'_{r13} \\ \varepsilon'_{r21} & \varepsilon'_{r22} & \varepsilon'_{r23} \\ \varepsilon'_{r31} & \varepsilon'_{r32} & \varepsilon'_{r33} \end{bmatrix} [T][T]^{-1} \begin{bmatrix} E'_1 \\ E'_2 \\ E'_3 \end{bmatrix} \tag{9.6}$$

ここで，$\boldsymbol{D} = [T]^{-1}\boldsymbol{D}'$, $[\varepsilon_r] = [T]^{-1}[\varepsilon'_r][T]$, $\boldsymbol{E} = [T]^{-1}\boldsymbol{E}'$ と置くと次式になる．

$$\begin{bmatrix} D_1 \\ D_2 \\ D_3 \end{bmatrix} = \varepsilon_0 \begin{bmatrix} \varepsilon_{r11} & 0 & 0 \\ 0 & \varepsilon_{r22} & 0 \\ 0 & 0 & \varepsilon_{r33} \end{bmatrix} \begin{bmatrix} E_1 \\ E_2 \\ E_3 \end{bmatrix} \tag{9.7}$$

この媒質中に蓄えられる電気的エネルギー密度 $W_e = \frac{1}{2}\boldsymbol{E}\cdot\boldsymbol{D}$ を考えると次式が得られる．

$$W_e = \frac{1}{2}\boldsymbol{E}\cdot\boldsymbol{D} = \frac{1}{2\varepsilon_0}\left(\frac{D_1^2}{\varepsilon_{r11}} + \frac{D_2^2}{\varepsilon_{r22}} + \frac{D_3^2}{\varepsilon_{r33}}\right) \tag{9.8}$$

$\varepsilon_{rii} = n_i^2$, $x = \frac{D_1}{\sqrt{2W_e\varepsilon_0}}$, $y = \frac{D_2}{\sqrt{2W_e\varepsilon_0}}$, $z = \frac{D_3}{\sqrt{2W_e\varepsilon_0}}$ とすると次式が得られる．

$$\frac{x^2}{n_x^2} + \frac{y^2}{n_y^2} + \frac{z^2}{n_z^2} = 1 \tag{9.9}$$

各主軸 x, y, z 方向の半径は屈折率に等しい．$n_x \leq n_y \leq n_z$ として，x, y, z の各主軸との交点を考える．屈折率の大きさにより屈折率楕円体には次の 3 通りが考えられる（図 9.1）．

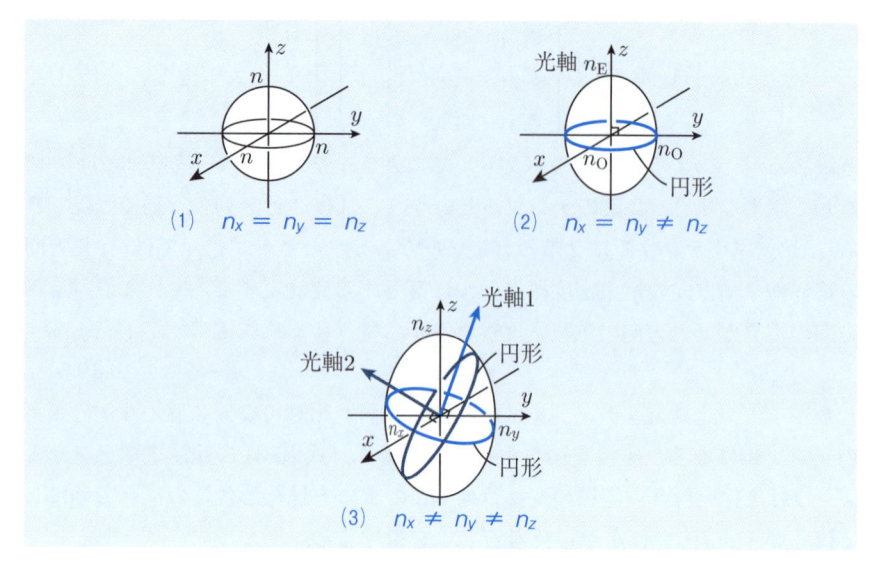

図 9.1 屈折率楕円体の光軸

(1) $n_x = n_y = n_z$　媒質は等方的になる．屈折率は電界の方向に依存しない．立方晶系の構造を持つ結晶がこれに属する．

(2) $n_x = n_y \neq n_z$　z 軸を主軸に取る．これと垂直で中心を通る面で切ると断面は円になる．断面が円になるのは z 軸の 1 軸だけである．この場合，**一軸結晶**といい，光学軸は z 軸に一致させる．正方晶系，六方晶系，三方晶系の構造を持つ結晶がこれに属する．電界が光学軸と垂直な場合を**常光線**（**O 波**：ordinary ray），光軸方向の電界成分を持つ場合を**異常光線**（**E 波**：extraordinary ray）という．電界が光学軸に垂直な場合の屈折率を n_O，平行な場合の屈折率を n_E とする．

　式 (9.9) に示すように異常光線の屈折率は，屈折楕円体の光軸と光線のなす角度により異なる．一軸結晶では常光線は光軸と光線のなす角度 θ によって屈折率 n_O は変わらない．一方，異常光線は角度により屈折率 n_e が変わる．このときの最大屈折率を n_E とすると，$\frac{1}{n_e(\theta)^2} = \frac{1}{n_O^2}\cos^2\theta + \frac{1}{n_E^2}\sin^2\theta$ と表される．

(3) $n_x \neq n_y \neq n_z$　最長軸 z と平行の軸を考える．この軸に垂直で中心を通る断面は楕円である．しかし，この軸を最短軸 x の方向に傾けていくと，z 軸から角度 θ_1 だけこの軸を傾けたときに断面は円になる．この軸は最長軸 z と

9.1 複屈折

最短軸 x で作る面内に存在する．さらに傾けていくと，x 軸に対し対称な方向に断面が円になる角度 θ_2 が存在する．この 2 つの軸を光学軸にする．このように光学軸を 2 軸持つ結晶を**二軸結晶**という．斜方晶系，単斜晶系，三斜晶系の構造を持つ結晶がこれに属する

光学結晶として用いられる六方晶系の水晶（石英），ZnO や立方晶系の BaTiO$_3$，ADP(NH$_4$H$_2$PO$_4$)，KDP(KH$_2$PO$_4$) また三方晶系の LiNbO$_3$, LiTaO$_3$ は一軸性光学結晶である．

例題 9.1

常光線と異常光線の屈折を作図しなさい（まず，常光線について作図し，その後，異常光線について検討しなさい）．

【解答】 作図の方法は以下である．
(1) 点 A から境界面を基準に一軸結晶の光軸 z を描き入れる．
(2) 次に点 A と境界上の任意の点 B′ を通る入射光線をそれぞれ描き入れ，点 A から垂線 AB を引く．
(3) 線分 BB′ の長さを常光線の屈折率 n_O で割った長さを半径とする円を描く．
(4) 線分 BB′ の長さを常光線の屈折率 n_O で割った長さを光軸 z に，もう一方の軸は線分 BB′ の長さを異常光線の屈折率 n_E で割った長さとなる楕円を描く（青色の楕円）．
(5) 点 B′ から円に接線を引き接点を A′$_O$，楕円に接線を引き接点を A′$_E$ とする．
(6) 点 A と点 A′$_O$ を結ぶ線が常光線（図中の黒線），点 A と点 A′$_E$ を結ぶ線が異常光線（図中の青線）の屈折光線になる．

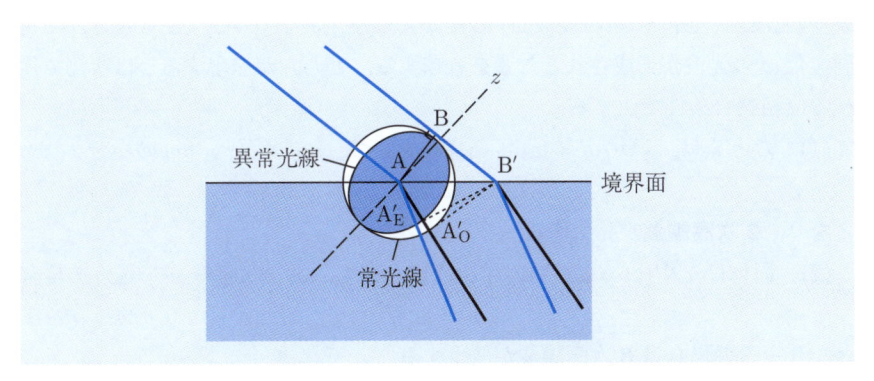

図 9.2 複屈折率を持つ物質の常光線と異常光線の屈折

9.2 非線形光学効果

8.1 節で説明したように，光の振動電界で振動する電気双極子が形成されることで屈折率は発現する．電気双極子モーメントは光の電界強度の関数になる．ローレンツモデルではクーロン力による電子ポテンシャルを安定点近傍でテイラー展開し，2 次の項まで考慮している．このために電荷に働く力は，変位の 1 次の項になり，その変位は電界に比例する．すなわち，光強度の小さい場合には分極 $\boldsymbol{P}(\omega)$ は電界に比例する．しかし，電界が大きくなると，電界の高次の項を考慮することが必要になる．ここでは，複数の光波が重畳された場合の非線形現象を考える．これは**光波混合**といわれ，光機能デバイスに応用されている．混合する光波の角周波数 ω_i に着目するために電界を $E_i(\omega_i) = E_i \exp(j\omega_i t \mp j\boldsymbol{k}_i \cdot \boldsymbol{r})$ と表し，その複素共役を $E_i(-\omega_i) = E_i \exp(-j\omega_i t \pm j\boldsymbol{k}_i \cdot \boldsymbol{r})$ とする．また，$\omega_i = 0$ は直流電界を表すものとする．分極 $\boldsymbol{P}(\omega)$ は次式で表される．

$$\begin{aligned}\boldsymbol{P}(\omega) = \varepsilon_0 \big\{ & x^{(1)}(\omega)\boldsymbol{E}(\omega) \\ & + x^{(2)}(\omega = \omega_1 + \omega_2)\boldsymbol{E}_1(\omega_1)\boldsymbol{E}_2(\omega_2) \\ & + x^{(3)}(\omega = \omega_1 + \omega_2 + \omega_3)\boldsymbol{E}_1(\omega_1)\boldsymbol{E}_2(\omega_2)\boldsymbol{E}_3(\omega_3) + \cdots \big\}\end{aligned}$$

ここで，$x^{(1)}(\omega)$ を**線形比電気感受率**，$x^{(2)}(\omega = \omega_1 + \omega_2)$ を **2 次の非線形比電気感受率**，$x^{(3)}(\omega = \omega_1 + \omega_2 + \omega_3)$ を **3 次の非線形比電気感受率**という．これらの式で $\omega = \omega_1 + \omega_2$ は角周波数 ω_1 と角周波数 ω_2 の光波が重畳されて角周波数 ω の光波が形成されることを意味する．また，$\omega = \omega_1 - \omega_2$ は角周波数 ω_1 の光波 $E_1(\omega_1)$ に角周波数 ω_2 の複素共役な光波 $E_2(-\omega_2)$ が重畳されて角周波数 ω の光波が形成されることを意味する．どちらが発現するかは次節で述べる位相整合条件で決まる．

(1) たとえば，$x^{(2)}(\omega = \omega_1 + \omega_2)$ において，$\omega_1 = \omega_2 = \omega_0$ の場合

$$\omega = 2\omega_0$$

となり，**2 次高調波**が発生する．

(2) 同様に $x^{(3)}(\omega = \omega_1 + \omega_2 + \omega_3)$ において，$\omega_1 = \omega_2 = \omega_3 = \omega_0$ の場合

$$\omega = 3\omega_0$$

となり，この場合は **3 次高調波**が発生する．

(3) 静電界を用いる場合には，$x^{(2)}(\omega = \omega_1 + \omega_2)$ において，$\omega_1 = 0, \omega_2 = \omega_0$ から

9.2 非線形光学効果

$$\omega = \omega_0$$

になる．この場合には外部静電界に比例して屈折率は変化する．この効果を**ポッケルス効果**という．

(4) 同様に $x^{(3)}(\omega = \omega_1 + \omega_2 + \omega_3)$ において，$\omega_1 = \omega_2 = 0, \omega_3 = \omega_0$ の場合

$$\omega = \omega_0$$

となる．この場合は外部静電界の 2 乗に比例して屈折率は変化する．この効果を**カー効果**という．

(5) また，$x^{(2)}(\omega = \omega_1 + \omega_2)$ において，$\omega_1 = \omega_0 - \omega_2$ とすることで強度が一定な ω_0 光波から ω_1 の光波の強度に比例した ω_2 の光波の光を発生することが可能である．これを**パラメトリック発振**という．

(6) 同様に $x^{(3)}(\omega = \omega_1 + \omega_2 + \omega_3)$ において，$\omega_1 = \omega_3$ と $\omega_2 \to -\omega_2$ から

$$\omega_0 = \omega_1 - \omega_2 + \omega_1$$
$$= 2\omega_1 - \omega_2$$

の光波を角周波数 ω_2 の光波の強度変化に合わせて発生させることができる．これを **4 波混合**（アンチストークスラマン散乱）という．

(7) さらに，$x^{(3)}(\omega = \omega_1 + \omega_2 + \omega_3)$ において，外部電界に光波を用い，$\omega_3 = -\omega_2$ とすると

$$\omega = \omega_1 + \omega_2 - \omega_2$$
$$= \omega_1$$

となる．この場合は光波強度に比例して屈折率は変化する．この効果を**光カー効果**という．光カー効果は光通信の分野では光で光をスイッチするために利用されている．

非線形性の発現は電子の変位に対するポテンシャル構造の 3 次項以上の存在に起因するが，このポテンシャル構造は外部電界の影響による変形も加味されたものである．したがって，これらの非線形電気感受率は材料により異なった現象に起因して生じる．相対的に何次の非線形電気感受率が大きくなるかは材料により異なる．また，どの効果を発現させるかは**位相整合条件**を満たすように光学系を組むことで決まる．次節ではこれらの効果を発現させる位相整合条件について詳しく説明する．

9.3 光波混合の物理的側面

ここでは，光波混合について物理的側面を説明する．非線形材料中の光波混合では，時間周波数条件（エネルギー保存則）と空間周波数条件（運動量保存則）とを満たさない限り，空間に光波は放射されない．角周波数 ω と空間周波数 k の間には

$$\omega = v_\text{p} k$$
$$= \frac{c}{n(\omega)} k \tag{9.10}$$
$$\frac{d\omega}{dk} = v_\text{g}(\omega) \tag{9.11}$$

の関係が成り立つ．v_p は位相速度，$v_\text{g}(\omega)$ は群速度である．したがって，光波のエネルギー E と運動量 P の間には次の関係が成り立つ．

$$E = \frac{c}{n(E)} P \tag{9.12}$$
$$\frac{dE}{dP} = v_\text{g}(E) \tag{9.13}$$

2 つの光波 (ω_1, k_1) と光波 (ω_2, k_2) が物質中で相互作用し，新たな光波 (ω_3, k_3) が生じた場合を考える．このとき，ω と k の間には以下の関係が成り立つことが要請される．

- エネルギー保存則

$$\omega_1 + \omega_2 = \omega_3 \quad (\because \ E_1 + E_2 = E_3) \tag{9.14}$$

- 運動量保存則

$$\boldsymbol{k}_1 + \boldsymbol{k}_2 = \boldsymbol{k}_3 \quad (\because \ \boldsymbol{P}_1 + \boldsymbol{P}_2 = \boldsymbol{P}_3) \tag{9.15}$$

ここで，ド・ブロイの関係式 $E = \hbar\omega, P = \hbar k$ の関係を用いた．さて，式 (9.14) に式 (9.10) を代入する．

$$\frac{\boldsymbol{k}_1}{n(\omega_1)} + \frac{\boldsymbol{k}_2}{n(\omega_2)} = \frac{\boldsymbol{k}_3}{n(\omega_3)} \tag{9.16}$$

これに式 (9.15) を代入する．

$$\left(\frac{1}{n(\omega_1)} - \frac{1}{n(\omega_3)}\right) \boldsymbol{k}_1 + \left(\frac{1}{n(\omega_2)} - \frac{1}{n(\omega_1)}\right) \boldsymbol{k}_2 = \boldsymbol{0} \tag{9.17}$$

$n(\omega)$ は媒質の持つ分散関係（屈折率の周波数依存性）である．エネルギー保存則と運動量保存則を同時に満たすためには $\boldsymbol{k}_1, \boldsymbol{k}_2$ は式 (9.17) を満たす必要がある．しかし，一般には $\omega_1 \neq \omega_2 \neq \omega_3$ の場合，$n(\omega_1) \neq n(\omega_2) \neq n(\omega_3)$ である．この場合には式 (9.17) を満たさない．したがって，新しい光波の放出は行

われない．新しい光波を発生するためには式 (9.17)，すなわち運動量保存則を成立させる工夫が必要になる．これを**位相整合**という．

(1) 光導波路を用いた位相整合

導波路中の光波はコア n_{cor} とクラッディング n_{clad} 間の境界条件を満たすように導波されるために，導波路モード（導波路を伝搬する光波）の空間周波数すなわち**伝搬定数** $\beta(\omega)$ は導波路構造に依存する．したがって，角周波数 ω と伝搬定数 $\beta(\omega)$ の間には式 (9.10) に相当する次式が成り立つ．

$$\frac{d\omega}{d\beta(\omega)} = v_{\text{g}}(\omega) \tag{9.18}$$

この式は導波路構造により群速度が変化することを意味している．

また，エネルギー保存則から

$$d\omega_1 + d\omega_2 = d\omega_3 \tag{9.19}$$

これに式 (9.18) を代入して

$$v_{\text{g}}(\omega_1) d\beta_1 + v_{\text{g}}(\omega_2) d\beta_2 = v_{\text{g}}(\omega_3) d\beta_3 \tag{9.20}$$

さらに，運動量保存則

$$d\beta_1 + d\beta_2 = d\beta_3$$

を代入して

$$\bigl(v_{\text{g}}(\omega_1) - v_{\text{g}}(\omega_3)\bigr) d\beta_1 + \bigl(v_{\text{g}}(\omega_2) - v_{\text{g}}(\omega_3)\bigr) d\beta_2 = 0 \tag{9.21}$$

これは，導波路構造を調整することで位相整合させることが可能であることを示す．

(2) 複屈折材料を用いた位相整合

8.5 節で述べたように，一軸性結晶では光軸と光波の空間周波数ベクトルのなす角度 θ を変えることで屈折率を変えることができる．

$$\frac{1}{n^2(\theta)} = \frac{\cos^2\theta}{n_{\text{O}}^2} + \frac{\sin^2\theta}{n_{\text{E}}^2} \tag{9.22}$$

したがって，光学結晶への入射角 θ を変化させ，式 (9.17) を満たすことが可能である．

9章の問題

□ **9.1** 波長 $0.58\,\mu\mathrm{m}$ の光波に対して水晶の屈折率は $n_\mathrm{O} = 1.54425$, $n_\mathrm{E} = 1.55336$ である．両面が平行で平坦に研磨された厚さ $1\,\mathrm{mm}$ の水晶がある．光軸は面に平行である．透過することで生じる光線の常光線と異常光線の位相差を求めなさい．

□ **9.2** 非線形効果を用いた光機能素子を調べ，その原理を述べなさい．

第10章

発光と光増幅

　高温物体は赤色に見える．さらに温度を上げると物体の表面の色は赤色から青色へと変化していく．放射温度計はこの色の変化（実際には2波長または3波長の強度比の変化）から物体の温度を算出する．高温物体はどのようなメカニズムで光を放射するのだろうか．プランクは実験結果から実験式を提案し，この式の意味を探りながらエネルギー量子の考えに到達している．この式に出てくるプランク定数$\hbar$は真空中の光速cと共に普遍定数である．この章では物体からの発光について述べる．

10.1 高温物体の発光

　高温物体からの光放出について述べる．大きな空間に小さな発光体がある．そこから光波エネルギーが放出されている．このとき，発光体中では電子がエネルギーの高い状態 E_a から低い状態 E_b に遷移することで，そのエネルギー差分を光エネルギー ΔE として放出する．

$$\Delta E = E_a - E_b \tag{10.1}$$

ところで，電子は粒子だけではなく波動としての性質も持つ．このため，電子がある場所に固定されるには定在波を形成することが必要になる．すなわち，電子の存在する空間の大きさと，電子の波長とは密接な関係がある．微小な物質中に閉じ込められる電子は，その空間で共鳴する特定の波長を持たなければならない．このために波長は飛び飛びの長さであり連続量ではない．波長 λ_a を持つ電子は，空間周波数 k_a を持つ．この電子波の運動量 P_a は次式で与えられる．

$$\begin{aligned} P_a &= \hbar k_a \\ &= \hbar \frac{2\pi}{\lambda_a} = \frac{h}{\lambda_a} \end{aligned} \tag{10.2}$$

ここで，$\hbar$ はプランク定数である．このとき，電子の持つ運動エネルギー E_a は

$$E_a = \frac{P_a^2}{2m} = \frac{h^2}{2m\lambda_a^2} \tag{10.3}$$

と表される．

10.1.1 物質の温度 T で熱平衡にある場合の放出光子数分布

　物質は多くの原子で構成されており，多くの電子が存在する．いま，微小な物質の温度を T [K] とする．それぞれの運動している電子から光波が放出される．i 個の電子からエネルギー ΔE の光子（フォトン）が放出される確率はどのくらいだろうか．放出される光波のエネルギー E_i は

$$E_i = i\Delta E \tag{10.4}$$

で与えられる．このエネルギーの光波を放出する確率（熱励起された電子の確率）はボルツマン–ガウス分布関数 $f(E_i)$ で表される．

$$f(E_i) = \frac{\exp\left(-\frac{E_i}{kT}\right)}{\sum_i \exp\left(-\frac{E_i}{kT}\right)} \tag{10.5}$$

熱平衡にあるために，この微小な物質から放出される光波の平均エネルギー $\langle E \rangle$ はこの確率を用いて

$$
\begin{aligned}
\langle E \rangle &= \sum_i E_i f(E_i) \\
&= \sum_i \frac{E_i \exp\left(-\frac{E_i}{kT}\right)}{\sum_i \exp\left(-\frac{E_i}{kT}\right)} = \frac{\sum_i i\Delta E \exp\left(-\frac{i\Delta E}{kT}\right)}{\sum_i \exp\left(-\frac{i\Delta E}{kT}\right)} \\
&= \frac{\Delta E \left\{1 + \exp\left(-\frac{\Delta E}{kT}\right) + 2\exp\left(-\frac{2\Delta E}{kT}\right) + 3\exp\left(-\frac{3\Delta E}{kT}\right) + \cdots\right\}}{1 + \exp\left(-\frac{\Delta E}{kT}\right) + \exp\left(-\frac{2\Delta E}{kT}\right) + \exp\left(-\frac{3\Delta E}{kT}\right) + \cdots} \\
&= \Delta E \frac{d}{d\left(-\frac{\Delta E}{kT}\right)} \\
&\quad \times \log_e \left\{1 + \exp\left(-\frac{\Delta E}{kT}\right) + \exp\left(-\frac{2\Delta E}{kT}\right) + \exp\left(-\frac{3\Delta E}{kT}\right) + \cdots\right\} \\
&= \Delta E \frac{d}{d\left(-\frac{\Delta E}{kT}\right)} \log_e \left\{\frac{1}{1 - \exp\left(-\frac{\Delta E}{kT}\right)}\right\} \\
&= \frac{\Delta E}{\exp\left(\frac{\Delta E}{kT}\right) - 1} \quad (10.6)
\end{aligned}
$$

ここで，光波の角周波数を ω とすると $\Delta E = \hbar\omega$ より

$$\langle E \rangle = \frac{\hbar\omega}{\exp\left(\frac{\hbar\omega}{kT}\right) - 1} = \hbar\omega\langle n \rangle, \quad \langle n \rangle = \frac{1}{\exp\left(\frac{\hbar\omega}{kT}\right) - 1} \quad (10.7)$$

となる．$\langle n \rangle$ は温度 T [K] の物体から放出される平均光子放出数でプランクの**熱励起関数**といわれる．この式の導出には，光波がエネルギー単位（光子）$\Delta E = \hbar\omega$ で放出されることと，熱平衡であることから放出される光子の確率分布は熱的に励起されている電子の確率分布と等しいことを仮定している．

10.1.2 空間に存在できる光波分布（モード分布）を考慮した場合

次に，同じ問題を異なる角度から考えてみる．前項と同じように温度 T [K] の物質を考える．基底状態 E_a に存在する電子密度を N_a，励起状態 E_b に存在する電子密度を N_b とする．熱平衡状態で電子はボルツマン–ガウス分布に従うものとする．また，光波のエネルギー密度 $\rho(\omega)$ を導入する．励起状態の電子は光波と相互作用して光波にエネルギーを渡して，低いエネルギーの基底状態に遷移する場合と，自然に光波を放出して基底状態に遷移する場合がある．これは以下の微分方程式，すなわち電子の増減速度の式，レート方程式で表される．

$$\frac{dN_b}{dt} = B_{ab}\rho(\omega)N_a - B_{ba}\rho(\omega)N_b - AN_b \quad (10.8)$$

左辺は励起状態にある電子密度の変化速度を表す．右辺第 1 項は，光と相互作用して基底状態から光を吸収して励起状態に遷移する励起電子密度の増加速度を表す．第 2 項は同様に光を放出して基底状態に遷移する励起電子密度の減少速度，第 3 項は光を自然に放出して減少する励起電子密度の減少速度を表す．一方，基底状態にある電子の増減の速度は励起電子の増減の速度の符号を変えたものになる．したがって，次式が成り立つ．

$$\frac{dN_\mathrm{a}}{dt} = -\frac{dN_\mathrm{b}}{dt} \tag{10.9}$$

これらの式の B_ab, B_ba, A の意味は後ほど考えるが，ここでは比例定数とする．ところで，熱平衡状態では，励起状態と基底状態に存在する電子密度 N_b, N_a の比はボルツマン分布になる．

$$\frac{N_\mathrm{b}}{N_\mathrm{a}} = \exp\left(-\frac{\hbar\omega}{kT}\right) \tag{10.10}$$

ただし，$\hbar\omega = E_\mathrm{b} - E_\mathrm{a}$ とした．また，熱平衡状態では N_a と N_b は変化しないので，$\frac{dN_\mathrm{a}}{dt} = -\frac{dN_\mathrm{b}}{dt} = 0$ が成り立つ．したがって

$$B_\mathrm{ab}\rho(\omega)N_\mathrm{a} - B_\mathrm{ba}\rho(\omega)N_\mathrm{b} - AN_\mathrm{b} = 0 \tag{10.11}$$

となる．これより $\rho(\omega)$ は

$$\rho(\omega) = \frac{A}{B}\frac{N_\mathrm{b}}{N_\mathrm{a}-N_\mathrm{b}} = \frac{A}{B}\frac{1}{\exp\left(\frac{\hbar\omega}{kT}\right)-1} \tag{10.12}$$

となる．ただし

$$B_\mathrm{ab} = B_\mathrm{ba} = B \tag{10.13}$$

とした．

　励起状態にある電子が光波と相互作用し，基底状態と励起状態の間を光波の周期で遷移し，やがて，基底状態に落ちることで光は放出される．それでは，ここでいう光波はどのようなものだろうか．空間を大きな共振器と考える．この共振器内には種々の波長の光波が共振できる．空間が十分に大きい場合には共振波長は連続的量と仮定できる．エネルギーはこの光波の共振モードと励起−放出を繰り返す電子の間を行き来する．物体から光波が放出される現象は，この電子と光波の共振モード間を角振動数 ω でエネルギーのやり取りを繰り返し，最終的に光波の共振モードにエネルギーが移動する現象と考えられる．この光エネルギーの塊が光子である．逆に光吸収は空間の共振モードから光子のエネルギーが電子振動に移動したと考えることができる．この出と入りの数勘定か

10.1 高温物体の発光

ら式 (10.8), 式 (10.9) はできている.

$\rho(\omega)$ は角周波数 ω の共振モードに存在する光子密度になる. この光子が励起状態 E_b の電子と相互作用することで励起電子は新たな光子を光波の共振モードに放出して基底状態 E_a に遷移する. 相互作用で放出の起こる確率を B_{ba} とした. また, 光波の共振モードにある光子は基底状態の電子とも相互作用する. その結果, 光子は電子に吸収されて電子は励起状態に遷移する. 相互作用で吸収が起こる確率を B_{ab} とした. 両者とも同じ現象による出入りになるから可逆的である. このために, 起こる確率は $B_{ab} = B_{ba} (= B)$ でなければならない.

さらに, 励起状態にある電子は光波の共振モードに光子が存在しようとしまいとやがては光波の共振モードに光子を放出して安定な基底状態に遷移する. このときの光子を放出する確率は先ほどの B_{ba} ではない. 共振器内の全共振モードに対する放出する共振モードの割合も考慮しなければならない. これは, 次のように考えられる. 電子は角周波数 ω の光子を放出しようとしている. このために, 電子は多くの角周波数を持った共振モードから, 放出可能な角周波数 ω の共振モードを見つけ出して光子を放出することが必要になる. 見つけ出せる確率は

$$\frac{\text{放出可能共振モード数}}{\text{全共振モード}} = m(\omega)$$

となる. 計算では $\omega - \frac{1}{2}d\omega$ から $\omega + \frac{1}{2}d\omega$ の角周波数を持つ放出可能な共振モードの密度 $m(\omega)\,d\omega$ を求めることになる. これは

$$m(\omega)\,d\omega = \frac{\omega^2}{\pi^2 c^3}\,d\omega \tag{10.14}$$

と表せる. ここで, c は真空中の光速である. したがって, A は次式で表される.

$$A = B\frac{\omega^2}{\pi^2 c^3}\,d\omega \tag{10.15}$$

これを代入して式 (10.12) は

$$\rho(\omega) = \frac{A}{B}\frac{N_a}{N_b - N_a} = \frac{\omega^2}{\pi^2 c^3}\frac{1}{\exp\left(\frac{\hbar\omega}{kT}\right)-1}\,d\omega$$

したがって

$$\hbar\omega\rho(\omega) = \frac{\omega^2}{\pi^2 c^3}\frac{\hbar\omega}{\exp\left(\frac{\hbar\omega}{kT}\right)-1}\,d\omega \tag{10.16}$$

積分して次式となる.

$$\langle E \rangle = \int \frac{\omega^2}{\pi^2 c^3}\frac{\hbar\omega}{\exp\left(\frac{\hbar\omega}{kT}\right)-1}\,d\omega \tag{10.17}$$

式 (10.7) と式 (10.17) の違いは, 式 (10.12) で相互作用する共振モードを限

定して $A = B$ と置いたことによる．式 (10.16) はプランクが実験結果から導いた実験式と一致する．温度 T における表面で反射の起こらない物質，すなわち黒体からの光子放出密度はこの式で表される．物体の温度 T の上昇とともに光放出される光子数のピークは高エネルギー側にシフトする．すなわち，温度が高くなると物体の色が赤から青に変化することを示している．この式で，A, B をアインシュタインの **A 係数**，**B 係数**という．

式 (10.9) で光子が存在しない場合，すなわち $\rho(\omega) = 0$ の場合を考える．

$$\frac{dN_b}{dt} = -AN_b \tag{10.18}$$

この解は

$$N_b = N_b^0 \exp\left(-\frac{t}{\tau}\right) \quad \left(\text{ただし，}\ A = \frac{1}{\tau}\right) \tag{10.19}$$

ここで，τ は対象とする遷移の放射寿命である．

■ 例題 10.1 ■

式 (10.16) で両辺に $\frac{\hbar^2 \pi^2 c^3}{(kT)^3}$ を掛けて規格化すると

$$\frac{\hbar^3 \pi^2 c^3 \omega \rho(\omega)}{(kT)^3} = \left(\frac{\hbar\omega}{kT}\right)^3 \frac{1}{\exp\left(\frac{\hbar\omega}{kT}\right) - 1} d\omega$$

になる．$\left(\frac{\hbar\omega}{kT}\right)^3 \frac{1}{\exp\left(\frac{\hbar\omega}{kT}\right) - 1}$ を計算して，グラフに描きなさい．ただし，横軸は $\frac{\hbar\omega}{kT}$ にすること．

【解答】 黒体輻射といわれるが，これは境界面で反射のない物質からの輻射を意味する．外部からの入射光が反射するのと同様に，内部からの輻射光も反射される．市販の反射温度計ではこの反射率を補正係数を掛けて使う．

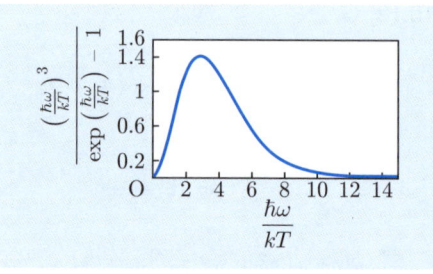

図 10.1 高温物体からの放射光強度

10.2　光波と物質の相互作用

この節では光波と物質の相互作用を巨視的に眺めてみる．光波と電子遷移の間には図 10.2 に示す 4 通りの組合せが存在する．

(1)　光波がない状態で励起状態から基底状態に電子遷移する．
(2)　光波が存在する状態で励起状態から基底状態に電子遷移する．
(3)　光波がない状態で基底状態から励起状態に電子遷移する．
(4)　光波が存在する状態で基底状態から励起状態に電子遷移する．

(1) は前節までに述べた発光で**自然放出**といわれる光学過程である．光波を放出することなしに電子遷移が生じる場合には**非発光再結合**もしくは**脱励起**といわれる．また，(3) の光波がない状態での励起は熱（格子振動や分子振動）が関与した**熱励起**になる．(4) は**光吸収**である．

ここで，議論したいのは (2) の光学過程である．この光学過程を**誘導放出**といい，光波を増幅することが可能である．すでに述べたように，励起電子は励

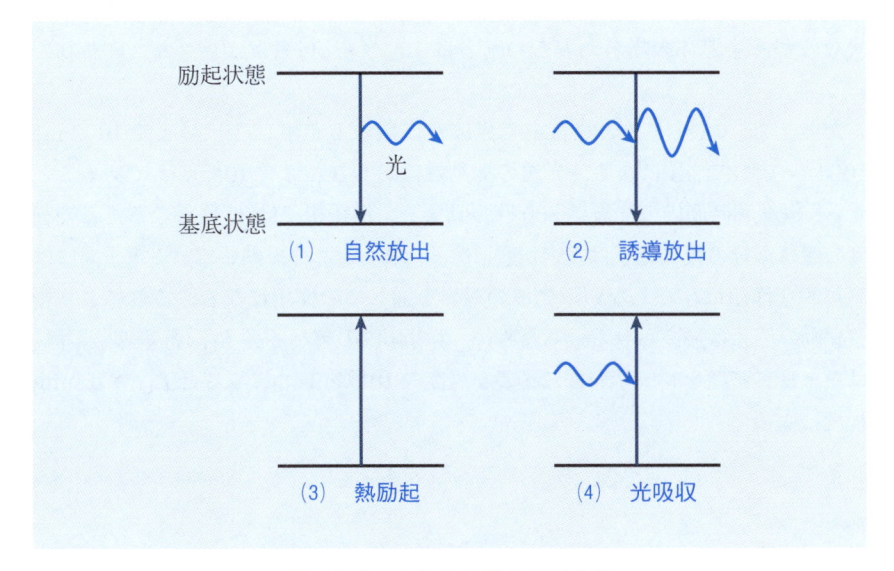

図 10.2　光波と物質の相互作用

起状態と基底状態の間を何度も遷移し，やがて励起エネルギーを失い安定な基底状態に落ちる．ここに光波が存在する場合，光波の電界がクーロン相互作用により電子に力を及ぼす．特に光波の周波数が電子の遷移振動の周期と非常に近い場合には，電子の遷移振動の周期は光波の振動電界に引き込まれて，一定の位相関係を保ちながら光波の振動周期に一致する．

ところで，光波の波長（10^{-6} m）は電子の存在する領域（10^{-9} m）に比較して非常に長い．したがって，電子は周囲の電子と同じ位相関係を保って光波の周期で振動することになる．やがて，電子はその励起エネルギーを光波に移動させて基底状態に落ちて，光波との同期状態から外れる．したがって，光波は多くの電子と同期関係を保ち，やがて多くの電子の励起エネルギーを吸収することになる．光波が物質中を移動する間に，この光学過程は生じる．光波にエネルギーを移動する時間だが，これは電子が励起状態と基底状態の混合状態を維持する時間（行き来を繰り返す時間）になる．この状態の破壊は，電子が原子核や他の電子と"衝突"した場合に生じる．この衝突で電子のエネルギー変化が生じる場合と，位相変化が生じる場合がある．前者を**縦緩和（エネルギー緩和）**，後者を**横緩和（運動量緩和）**といって区別している．それぞれ非弾性衝突と弾性衝突に相当する．異なる衝突メカニズムで生じるために緩和時間は異なるが，半導体の場合おおむね前者は 10^{-12} s，後者は 10^{-13} s といわれている．

たとえば，屈折率 3 の媒質中で光波が伝搬する距離は 10^{-12} s で 10^{-4} m，10^{-13} s で 10^{-5} m になる．光波の振動数はおおむね 3×10^{14} s^{-1} であることから，縦緩和時間内で光波は 300 回振動する．横緩和では 30 回となる．この程度の遷移振動の後に電子は安定状態に戻る．また，遷移振動している電子間には直接的な作用は存在しない．光波の電界を通しての作用になる．これにより遷移振動の位相は揃えられる．ちなみに，半導体内のデバイ長 L_D（静電遮蔽距離）はキャリア密度をレーザ発振に必要な程度の 10^{18} cm^{-3} にすると $L_\mathrm{D}\cong 4$ [nm] 程度になる．

10.3 光増幅とノイズ（自然放出）

さて，ここで利得を 8.2 節で定義した吸収係数 α [cm^{-1}] と同様に定義する．ただし，α とは正負符号を反転させて，$g\ (=-\alpha)$ [cm^{-1}] とする．10.2 節の誘導放出で述べたように光波により同期された励起状態と基底状態を振動する多くの電子に起因して g は生じている．半導体の場合，励起状態と基底状態の間の遷移エネルギーは 1 つではなくエネルギー幅を持つ．また，気体や固体中のイオンでも同様にわずかながらエネルギー幅を持つことになる．したがって，利得 g には周波数依存性がある．

$$g = g(\omega) \tag{10.20}$$

利得 $g(\omega)$ の物質中を距離 L 伝搬したときに増幅率 $A(\omega)$ は

$$A(\omega) = \exp(g(\omega)L) \tag{10.21}$$

となる．この利得を得るためには，電子を励起することが必要である．このために，**自然放出光**を必ず伴うことになる．自然放出光は，増幅される光にとってはノイズになる．したがって，光増幅には必ずノイズが混入される．

光増幅器への入力信号の光強度を $P_{\text{in}}(\omega)$，出力信号の光強度を $P_{\text{out}}(\omega)$ とすると

$$P_{\text{out}}(\omega) = A(\omega) P_{\text{in}}(\omega) \tag{10.22}$$

の関係が成り立つ．また，入力光に含まれるノイズ強度を N_{in}，光増幅器内で発生するノイズ強度を N，光出力中のノイズ強度を N_{out} と置くと

$$N_{\text{out}} = A(\omega) N_{\text{in}} + N \tag{10.23}$$

の関係がある．**雑音指数**を F とすると

$$\begin{aligned} F &= \frac{\frac{P_{\text{in}}(\omega)}{N_{\text{in}}}}{\frac{P_{\text{out}}(\omega)}{N_{\text{out}}}} \\ &= \frac{1}{A(\omega)} \frac{N_{\text{out}}}{N_{\text{in}}} \\ &= 1 + \frac{N}{A(\omega) N_{\text{in}}} \end{aligned} \tag{10.24}$$

の関係が成り立つ．必ず $N \neq 0$ となることから $F > 1$ となり

$$\text{SN 比（入力）} = F \times \text{SN 比（出力）}$$

の関係から SN 比は光増幅器を通すことにより悪化する．

光通信の分野で光増幅器は多用されている．たとえば，長距離伝搬した光信

号の増幅器として，また光ゲートとしても応用される．前者にはファイバアンプが，後者には **SOA**（半導体光増幅器）が用いられている．

　まず，ファイバアンプから説明する．これは，シリカファイバのコア中に希土類原子を分散したものである．高出力半導体レーザで励起する．海底ケーブルなどの光中継器に用いられており，電気信号に変換することなく光信号を増幅する．光通信の波長帯である $1.53\,\mu m$ から $1.61\,\mu m$ 帯用にはエリビウムイオン（Er^{3+}）を添加，波長 $1.40\,\mu m$ から $1.52\,\mu m$ 帯用にはツリウムイオン（Tm^{3+}）を添加，波長 $1.29\,\mu m$ から $1.31\,\mu m$ 帯用にはプラセオジウムイオン（Pr^{3+}）を添加したファイバが実用化されている．これらの希土類イオンは，利得が所望の波長帯で得られるように選ばれている．

　ところで，光パルスは長距離伝送されると光ファイバの波長分散のためにパルス幅が広がる．これを放置するとやがては隣のパルスと識別できなくなる．このために光増幅するだけでなく，パルスの整形が必要になる．この目的には**分散補償**ファイバが用いられる．

　SOA は電流注入を行わない場合，光波を素子に照射すると価電子帯から伝導帯への電子遷移による光吸収があるために不透明である．しかし，ある一定量以上の電流を流すと伝導帯には電子が注入され，価電子帯には正孔が注入される．その結果，光吸収はなくなり，素子は透明になる．この透明になるしきい値電流よりもわずかに小さな電流を流しておく．ここに信号光を入射するとこの信号光が吸収されて，伝導帯に電子を価電子帯に正孔を形成する．信号光により増加した電子・正孔対で SOA を透明にすることができる．さて，SOA の使用法だが，光波（波長 λ_A）を素子に照射しておく．このとき，光波の強度は，SOA を不透明にするように設定する．次に，素子に電流を流し，不透明から透明に変化する直前に電流値に調節する．ここに光信号（波長 λ_B）を入射する．SOA はこの光信号（波長 λ_B）を吸収し，素子は不透明から透明に変化する．すると，照射していた光波（波長 λ_A）は素子を通過するようになる．すなわち，波長 λ_B のパルス信号は波長 λ_A のパルス信号に波長変換されたことになる．このときの処理できる光パルスの時間間隔は信号光の吸収で形成された電子正孔対の消滅時間が決める．外部電子回路，もしくは素子構造を工夫して，この消滅時間を短くする工夫がなされている．

10.3 光増幅とノイズ（自然放出）

■ 例題 10.2

利得 A_i，雑音 N_i の光増幅器を 3 段カスケード接続した光増幅器（$i=1,2,3$）がある．合計の利得 A と雑音 N，および雑音指数 F を求めなさい．

【解答】 入力の SN 比を

$$SN_{\mathrm{in}} = \frac{P_{\mathrm{in}}}{N_{\mathrm{in}}}$$

とする．1 段目の雑音指数 F を F_1 と置くと 1 段目の出力の SN 比は

$$SN_1 = \frac{P_1}{N_1}$$
$$= F_1 SN_{\mathrm{in}}$$

となる．同様に考えると 3 段目の出力の SN 比は

$$SN_3 = \frac{P_3}{N_3}$$
$$= F_3 SN_2$$
$$= F_3 F_2 SN_1$$
$$= F_3 F_2 F_1 SN_{\mathrm{in}}$$

と表される．したがって

$$F = F_3 F_2 F_1$$

と表される．

第 10 章　発光と光増幅

10章の問題

☐ **10.1**　10.2節の (1), (2), (4) のそれぞれのプロセスで，基底状態の電子のエネルギーと運動量を (E_g, P_g)，励起状態の電子のエネルギーと運動量を (E_e, P_e) とする．また，光子のエネルギーと運動量を (E_{ph}, P_{ph}) とした場合，これらの間に成り立つ関係式を書きなさい．

☐ **10.2**　素子長 1 mm の半導体光増幅器で，利得 g が $30\,\mathrm{cm}^{-1}$ の場合，増幅率 A を求めなさい．

☐ **10.3**　励起水素による発光では量子数 n が $n > 2$ の励起状態から $n = 2$ の状態への遷移に伴う発光スペクトル λ は**バルマー系列**といわれている．

$$\tfrac{1}{\lambda} = R\left(\tfrac{1}{2^2} - \tfrac{1}{n^2}\right)$$

ただし，R はリュードベリー定数 $(R = 1.10 \times 10^7\,[\mathrm{m}^{-1}])$ である．n を変化させたときの発光波長を求めなさい．

第11章

レーザ

　電子回路で発振器を作ったことがあるだろうか．発振器は増幅器を含む正帰還回路によって構成される．発振周波数は帰還回路の共振点になり，増幅器の必要利得は帰還回路の損失になる．ところで，LC 共振器を用いた場合，共振回路の Q 値を覚えているだろうか．これは共振の鋭さであり，発振波のコヒーレントを示すパラメータでもある．さて，光の周波数領域で発振器を作るにはどうすればよいだろうか．この場合，発振波はレーザ光になる．増幅には前章の誘導放出を用い，帰還回路には光共振器を用いる．役割分担するものを変えることにより，光波も高周波も同じメカニズムで発振する．

11.1 発振の原理

11.1.1 電子回路の発振

レーザ発振の原理を考えるために電子回路の発振器について考察する．発振器は，増幅器を用いて正帰還回路を構成したものを考える（図 11.1）．まず，発振条件を考える．増幅率 A の増幅器への入力信号を v_1 とする．出力 v_out は次式となる．

$$v_\mathrm{out} = A v_1 \tag{11.1}$$

これを帰還量 β で正帰還させるが，この際に外部からの信号を v_in とする．それを式で書くと次式になる．

$$v_1 = v_\mathrm{in} + \beta v_\mathrm{out} \tag{11.2}$$

この両者より v_1 を消去すると

$$v_\mathrm{out} = \frac{A}{1 - A\beta} v_\mathrm{in} \tag{11.3}$$

が得られる．**発振**とは外部入力がなくても（$v_\mathrm{in} = 0$），出力を出す（$v_\mathrm{out} \neq 0$）ことであり，このためには

$$A\beta = 1 \tag{11.4}$$

が必要になる．したがって，発振条件は式 (11.4) が成立することである．ここで，$A\beta$ を正帰還回路の**一巡利得**という．

しかし，これは本当だろうか．回路内に何ら信号がなくても発振出力が出てくるのだろうか．仮に式 (11.1) で

$$v_1 = 0$$

を右辺に代入すると増幅率 A が式 (11.4) を満たしても式 (11.1) の左辺は

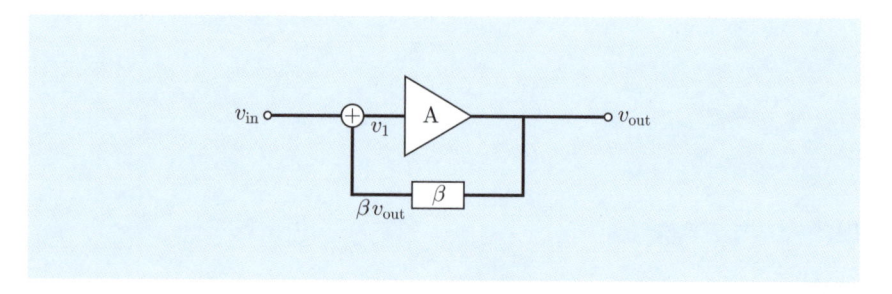

図 11.1　正帰還回路

11.1 発振の原理

$$v_{\text{out}} = 0$$

となり，発振出力は出てこない．式 (11.1) を式 (11.2) に代入して

$$v_{\text{in}} = 0$$

とすると次式になる．

$$v_1(n+1) = A\beta v_1(n) \tag{11.5}$$

ここで n は閉回路内を信号がまわる回数である．この式は n 回まわった後の増幅器への入力信号 $v_1(n)$ がもう一巡することで，$n+1$ 回目の入力信号は $v_1(n+1)$ になることを示している．しかし，式 (11.4) が成り立つ場合，n をいくら大きくしても入力信号 v_1 は元のままである．発振開始時には何が生じているかをもう一度考え直す必要がある．

まず，何かが増幅されて，やがて発振出力となることは確かだろう．つまり，増幅器のスイッチを ON にしたときに回路内に存在する雑音が増幅される源になる．この雑音は閉回路内を一巡して増幅される必要があり

$$|A\beta| > 1 \tag{11.6}$$

の関係が第 1 の必要条件である．一巡した雑音は前の信号に重なり増幅器に入力される．これが繰り返される．このとき，一巡することで位相差が生じる場合はどうなるだろうか．わずかな位相差のある信号がいくつも重ね合わされることになる．結果は打ち消し合い，信号は消滅する．消滅しないためには一巡利得の位相 ϕ は

$$\phi = \arg(A\beta)$$
$$= 2\pi l \quad (l \text{ は整数}) \tag{11.7}$$

であることが第 2 の必要条件になる．式 (11.7) の満たされる雑音のみが式 (11.5) で増幅され大きくなると，やがて式 (11.1) の出力信号 v_{out} として出てくることになる．式 (11.7) は出力のコヒーレントを高める条件式でもある．しかし，式 (11.6) が成立しているといつまでも信号 v_1 は大きくなり，やがて増幅器の出力信号は飽和して歪むようになる．歪むことにより増幅度 A は減少し，式 (11.4) を満たす歪んだ周期的な波形が出力されるようになる．通常，増幅率 A は

$$A = \tfrac{1}{\beta} + \Delta A$$

と設定し，増幅器への入力信号が大きくなるに従い $\Delta A \to 0$ となるように，自動的に利得を調整するような増幅回路を用いて発振器は構成される．このため

に波形歪は生じない.

11.1.2 光回路の発振

<u>光発振器の構成</u>　レーザ発振器も原理的には電子回路と同じであり，光増幅器と左右の反射鏡による光共振器からなる（図 11.2）．発振開始時には式 (11.6)，式 (11.7) を満たし，やがて光増幅器が飽和することで式 (11.4) を満たして定常発振に至るようにする．雑音には 10.3 節で述べた自然放出光を利用することになる．

まず，光増幅器の利得 g について説明する．励起した媒質に光波を通過させると，光は増幅される．これは，誘導放出が生じるからである．長さ Δx の励起した媒質を考える．入射端での光波強度を $I(x)$，出射端での光波強度を $I(x+\Delta x)$ とする．距離 Δx を伝搬することにより，媒質中で光波は $g\Delta x$ だけ増幅される．すなわち，光強度は距離 Δx と入射光波強度 $I(x)$ に比例した量だけ増加する．これらの間には次式が成り立つ．

$$I(x+\Delta x) = I(x) + g\Delta x I(x) \tag{11.8}$$

これにより，以下の微分方程式が導出される．

$$\frac{dI(x)}{dx} = gI(x) \tag{11.9}$$

光増幅媒質の長さを L，入射端での光波強度を I_0 とすると，出射端での光波の強度は，式 (11.9) の微分方程式を解くことで

$$I(L) = I_0 \exp(gL) \tag{11.10}$$

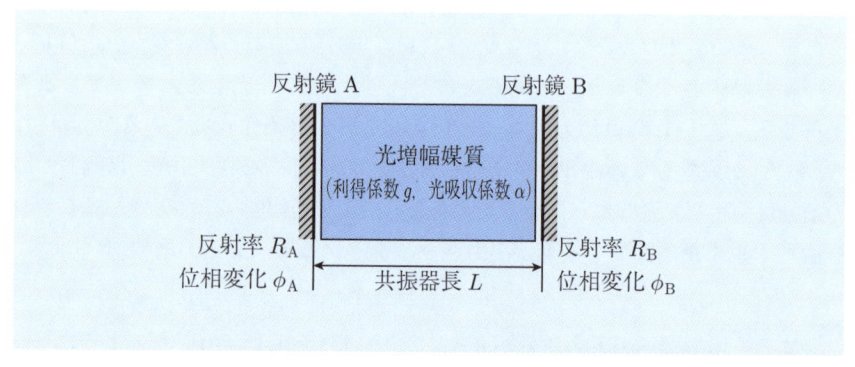

図 11.2　レーザ構造（光共振器内に光増幅を行う媒質を挿入した構造）

11.1 発振の原理

となる．ここで，g を**利得係数**という．gL は無次元量になることから g の単位として慣用的に $[\text{cm}^{-1}]$ を用いる．光波は距離 L を伝搬することで $\exp(gL)$ 倍される．

　帰還回路は平行する鏡を用いることで容易に構成できる．鏡は 2 枚とは限らない．複数の鏡を用いることも可能であり，鏡は平面鏡である必要もない．さらに，鏡間にプリズムを挿入することも可能である．プリズムを挿入した場合，屈折角の波長依存性を用いて，ある特定の波長のみが帰還回路を構成するようにできる．これは，選択的に特定波長の光のみを発振させるために用いられる．さらに，一方を鏡の中心を軸にして回転させることも可能である．この場合，鏡が平行になった瞬間だけ帰還回路は構成できる．これを **Q スイッチ**といい，パルス光の発振に用いられる．

光発振の原理　図 11.2 に示すように平行な 2 枚の鏡面で構成した光共振器内に増幅媒質を挿入した構造を考える．一方を A 端，他方を B 端とする．電子回路と同等に光波の強度と位相を考える．

　まず，振幅の条件を考える．A 端で強度 I_0 の光波は，B 端に達したときに強度は式 (11.10) より

$$I_0 \exp(gL)$$

になる．ここで反射率 R_B の鏡で反射され光強度は

$$R_B I_0 \exp(gL)$$

になり，A 端に向かって伝搬する．A 端で光波強度は

$$R_B I_0 \exp(2gL)$$

となり，反射率 R_A の鏡で反射する．その結果，強度

$$R_A R_B I_0 \exp(2gL)$$

で B 端に向かう光波となる．この光波が定常的に存在するためには，強度が I_0 と等しくなることが必要である．したがって

$$I_0 = R_A R_B I_0 \exp(2gL) \tag{11.11}$$

式 (11.11) より

$$\exp(2gL) = \frac{1}{R_A R_B}$$

したがって

$$g = \frac{1}{2L} \log_e \left(\frac{1}{R_A R_B} \right)$$

式 (11.6) の発振開始条件の議論と同様に，最初は不等号が成り立ち，やがて利得の減少が起こる必要がある．利得減少には利得の飽和現象を用いる．

$$g > \frac{1}{2L} \log_e \left(\frac{1}{R_A R_B} \right) \tag{11.12}$$

媒質中に光吸収などに起因する損失 α が同時に存在する場合，式 (11.12) は次式になる．

$$g > \frac{1}{2L} \log_e \left(\frac{1}{R_A R_B} \right) + \alpha \tag{11.13}$$

これがレーザ発振するために必要な第 1 の必要条件になる．ただし，定常発振時には利得飽和現象により，不等号は等号に変わる．この式の右辺第 1 項を**ミラー損失**といい，第 2 項を**吸収損失**という．共振器長を長くすることでミラー損失を小さくすることができる．大きな利得の得難い気体レーザなどでは，レーザ共振器を長くすることで発振ができるように工夫されている．

次に，位相条件を考える．光波の波長を λ，平行鏡で挟まれた増幅媒質の屈折率を n とする．反射鏡で位相変化を ϕ_A, ϕ_B とすると，光波が鏡間を一巡したときに位相変化が 2π の整数倍になれば共振する．

$$\frac{2\pi n}{\lambda} 2L + \phi_A + \phi_B = 2\pi q \tag{11.14}$$

ただし，q は整数とする．これが，電子回路の位相条件式 (11.7) に対応した第 2 の必要条件になる．式 (11.14) で鏡での位相変化が生じない場合を考える ($\phi_A = \phi_B = 0$)．

$$\frac{n}{\lambda} 2L = q \tag{11.15}$$

これが共振のための**位相条件**である．

この式から，隣り合った共振波長の波長間隔 $\Delta\lambda$ を求めてみる．中心波長は λ_0 として，$\lambda \to \lambda_0 + \Delta\lambda$, $q \to q + 1$ と置き換えると次式が得られる．

$$\Delta\lambda = -\frac{\lambda_0^2}{2n_{\text{eff}} L} \tag{11.16}$$

ただし

$$n_{\text{eff}} = n \left(1 - \frac{\lambda_0}{n} \frac{\partial n}{\partial \lambda} \Big|_{\lambda=\lambda_0} \right) \tag{11.17}$$

とした．

11.1 発振の原理

> **例題 11.1**
> 式 (11.16), 式 (11.17) を導きなさい
> ヒント：式 (11.15) と
> $$\frac{n+\Delta\lambda \frac{\partial n}{\partial \lambda}|_{\lambda=\lambda_0}}{\lambda_0+\Delta\lambda} 2L = q+1$$
> を用いて，q を消去することで導出できる．

【解答】 式 (11.15) で $\lambda \to \lambda_0 + \Delta\lambda, q \to q+1$ と置き

$$n(\lambda_0 + \Delta\lambda) = n + \Delta\lambda \frac{\partial n}{\partial \lambda}\Big|_{\lambda=\lambda_0}$$

に注意すると

$$\frac{n+\Delta\lambda \frac{\partial n}{\partial \lambda}|_{\lambda=\lambda_0}}{\lambda_0+\Delta\lambda} 2L = q+1$$

が得られる．ところで，この式の左辺は以下のように変形できる．

$$\frac{n+\Delta\lambda \frac{\partial n}{\partial \lambda}|_{\lambda=\lambda_0}}{\lambda_0+\Delta\lambda} 2L \cong \left(n + \Delta\lambda \frac{\partial n}{\partial \lambda}\Big|_{\lambda=\lambda_0}\right)\left\{\frac{1}{\lambda_0}\left(1 - \frac{\Delta\lambda}{\lambda_0}\right)\right\} 2L$$

$$\cong \frac{2nL}{\lambda_0} - \frac{2nL\Delta\lambda}{\lambda_0^2} + \frac{2L\Delta\lambda \frac{\partial n}{\partial \lambda}|_{\lambda=\lambda_0}}{\lambda_0}$$

$$= \frac{2nL}{\lambda_0} - \frac{2nL\Delta\lambda}{\lambda_0^2}\left(1 - \frac{\lambda_0}{n}\frac{\partial n}{\partial \lambda}\Big|_{\lambda=\lambda_0}\right)$$

したがって

$$\frac{2nL}{\lambda_0} - \frac{2nL\Delta\lambda}{\lambda_0^2}\left(1 - \frac{\lambda_0}{n}\frac{\partial n}{\partial \lambda}\Big|_{\lambda=\lambda_0}\right) = q+1$$

これに式 (11.15) を代入すると

$$-\frac{2nL\Delta\lambda}{\lambda_0^2}\left(1 - \frac{\lambda_0}{n}\frac{\partial n}{\partial \lambda}\Big|_{\lambda=\lambda_0}\right) = 1$$

これより

$$n_{\text{eff}} = n\left(1 - \frac{\lambda_0}{n}\frac{\partial n}{\partial \lambda}\Big|_{\lambda=\lambda_0}\right)$$

と置くと

$$\Delta\lambda = -\frac{\lambda_0^2}{2n_{\text{eff}} L}$$

となる．

11.2 レーザの種類と構造

増幅媒質に何を用いるかによりレーザの種類は変わる.

(1) 気体レーザ 赤色発振光を出す He-Ne レーザは He ガスの準安定軌道の 3s (20.6 eV) から, Ne ガスの 3s 軌道を介して, Ne ガスの 2p 軌道への遷移を用いることで波長 $0.633\,\mu m$ の発振を得る. また, He ガスの準安定軌道の 2s (19.8 eV) から, ほぼ同じエネルギーを持つ Ne ガスの 2s 軌道を介して, Ne ガスの 2p 軌道への遷移を用いることで波長 $1.15\,\mu m$ の近赤外光の発振も得られる. 遷移の確率は前者の方が大きいために通常 $0.633\,\mu m$ の発振を得る. しかし, 前節で述べたように共振器中にプリズムを挿入しプリズムの角度を調整することで, 波長 $1.15\,\mu m$ の赤外光の発振も可能になる. さらに, 金属膜をコーティングした高反射率プリズムを共振器内に置き, 回転させることで周期的に共振器を形成し, パルス発振させることもできる.

青色から緑色ではアルゴンイオンレーザ (波長 $0.454 \sim 0.529\,\mu m$), 近紫外域では He-Cd レーザ (波長 $0.325\,\mu m$, $442\,\mu m$) や N_2 レーザ (波長 $0.089 \sim 0.123\,\mu m$) が, 遠赤外域では CO_2 レーザ (波長 $10.6\,\mu m$) などが市販化されている. He-Cd レーザは金属である Cd を気化させてイオン化し, 増幅媒質として用いてレーザ発振させている. また, 通常の気体レーザは気体をガラス管内に封入して用いるのに対して, 大出力 CO_2 レーザではガラス管内の減圧ガスを軸に沿って低速で流す方法が取られている.

ガスは希薄で原子密度が少ないために, 固体材料よりも気体レーザの得られる利得は小さい. このために長い共振器を用いることでミラー損失の影響を小さくしている. さらに, 誘電体多層膜を用いて共振器鏡の反射率を高くする, 凹面鏡を用いることで共振器の調整を容易にするなどの工夫が行われている. 気体レーザの励起にはガス放電が用いられる. 寿命は物にもよるがおおむね 1000 時間以下で, 他のレーザに比較して短命である.

(2) 固体レーザ 固体レーザでは, 透明な媒質に金属イオンを添加して, イオンの励起状態を利用して光利得を得ている. たとえば, Al_2O_3 のコランダム構造の結晶に Cr^{3+} イオンを添加したルビーや, 同じ Al_2O_3 結晶に TiO_2 を添加した Ti:サファイヤがレーザ材料として利用されている. また, 結晶構造は異なるがベリリウムを含むスピネル構造の $BeAl_2O_4$ に Cr^{3+} イオンを添加した

11.2 レーザの種類と構造

アレキサンドライト,ガーネット構造の $Y_3Al_5O_{12}$ に Nd^{3+} イオンを添加した Nd:YAG,フェロブスカイト構造の $YAlO_3$ に Nd^{3+} イオンを添加した Nd:イットリウムアルミネートなどがレーザ用結晶として用いられている.

さらに,Al_2O_3,B_2O_3 および SiO_2 の単体または混合物を主成分とした透明なガラス母材中に希土類イオンを添加することで増幅媒質を形成することもできる.たとえば Nd_2O_3 を添加した Nd ガラスがレーザ用ガラス材料として用いられている.また,溶融石英の光ファイバ中に希土類イオンを添加することでファイバ増幅器を形成することもできる.

これらのレーザ用材料はロッド状に加工され,光共振器内に配置される.励起には Kr ガス,Ar ガスや Xe ガスを封入したフラッシュランプを用いる.これらフラッシュランプの寿命がレーザの寿命になるが,ランプを交換することで使い続けることができる.また,フラッシュランプの代わりに高出力半導体レーザを用いることで小型,長寿命化が図られている.

(3) 液体レーザ 液体中に蛍光材料を溶かすことでレーザを形成することも可能である.たとえば,蛍光色素をエタノールのような溶剤に溶かしてガラス製の容器,セルに入れ,小型ポンプで循環させてレーザ媒質として使っている.レーザ用の色素は2重結合構造を持つ分子量の比較的小さい有機物で,一重項(singlet)間の電子遷移を利用して蛍光発光する.2重結合は環状構造にすることで分子構造の安定性を増す.蛍光色素としてローダミン系色素が有名である.蛍光色は側鎖の分子構造を変えることで変化させることができる.光共振器内に設置したセルに半導体レーザ光や気体レーザ光を照射して励起する.このように,色素を利得媒質に用いるレーザは**色素レーザ**ともいわれる.

また,固体レーザと同様に希土類を含む無機溶液や希土類の有機キレート化合物の溶液もレーザ媒質として用いて発振させることもできる.

(4) エキシマレーザ 原子量の大きな希ガスとハロゲンガスの混合ガスに電子ビームを衝突させ励起すると,希ガスとハロゲンガスの励起分子錯体(エキシマ)が形成される.このエキシマは発光して脱励起する.これを光増幅に用いる.原子 A のイオン化エネルギーが,原子 X の電子親和力と A^+X^- のクーロン力の和よりも小さい場合,$A + X \rightarrow A^+X^-$ は発熱反応になる.逆に大きい場合には吸熱反応になる.発熱反応の場合には反応は進む.たとえば,希ガスを A,その励起状態を A^* とする.これとハロゲンガス X の反応を考えてみる.

この場合，以下の関係が成り立つ．

$$A^* + X \longrightarrow (A^+X^-)^* + a \text{ [eV]} \quad (発熱反応)$$

$$A + X \longrightarrow (A^+X^-) - b \text{ [eV]} \quad (吸熱反応)$$

$$(A^+X^-)^* \longrightarrow (A^+X^-) \quad (発光)$$

すなわち，加速電子を希ガス原子 A に当てることで励起状態 A^* を形成する．これとハロゲン原子 X が衝突すると，発熱反応であるために反応は進み，エキシマ $(A^+X^-)^*$ を形成する．これは発光を伴い，(A^+X^-) に遷移する．その後，分解してより安定な A + X の状態に戻る．したがって，希ガスとハロゲンガスの組合せは，エキシマ形成が発熱反応になることが必須になる．希ガスには Xe, Kr, Ar が，ハロゲンガスには F, Cl, Br, I が用いられる．

(5) 半導体レーザ 半導体原子の最外殻電子は原子間の結合に寄与する価電子だが，結合エネルギーは小さく，容易に励起されて自由電子になる．それぞれの電子は結晶内でエネルギー帯構造を形成する．価電子が形成するエネルギー帯を**価電子帯**，自由電子が形成するエネルギー帯を**伝導帯**という．価電子帯の電子は熱エネルギーや光エネルギーを吸収して伝導帯に遷移する．このとき，価電子帯には電子の欠けである**正孔**が形成され，伝導帯に**自由電子**を生じる．この遷移時にエネルギー保存則と運動量保存則が成り立つ．伝導体への電子の遷移，すなわち吸収が生じるためには，伝導帯の底と価電子帯の天井のエネルギー差である禁制帯幅 E_g よりも大きなエネルギーが必要になる．光吸収では，価電子のエネルギー E_v と光（フォトン）エネルギー E_{pho} の和が伝導電子のエネルギー E_c になる．

$$E_v + E_{pho} = E_c \quad (エネルギー保存則) \quad (11.18)$$

一方，運動量も同様に価電子の運動量 P_v と光（フォトン）の運動量 P_{pho} の和が伝導電子の運動量 P_c である．

$$P_v + P_{pho} = P_c \quad (運動量保存則) \quad (11.19)$$

ところで，運動量 P は電子や光波の波長 λ を用いると

$$P = \frac{h}{\lambda} = \hbar \frac{2\pi}{\lambda}$$

$$= \hbar k \quad (11.20)$$

ただし，$\hbar$ はプランク定数である．

たとえば，エネルギーを 1 eV 程度にした場合，電子の波長は $\lambda_e \cong 10^{-8}$ [m]

11.2 レーザの種類と構造

となり，これは同じエネルギーの光波の波長 $\lambda_0 \cong 10^{-6}$ [m] に比較して，100 分の 1 程度の短さである．したがって，電子の運動量に比較し光波の運動量は無視できる程度の大きさである．式 (11.19) から価電子の運動量 P_v と伝導電子の運動量 P_c はほぼ等しい．

さて，図 11.3 に Si と化合物半導体といわれる GaAs とエネルギー帯図を示す．横軸は空間周波数 k になっている．縦軸は電子のエネルギー E である．下側は価電子帯の E–k 曲線，上側は伝導帯の E–k 曲線である．光吸収により遷移する際に価電子と伝導電子の運動量とは近似的に等しいことから，エネルギー帯図では同じ空間周波数（波数）k の値の価電子帯の曲線上の点から伝導帯

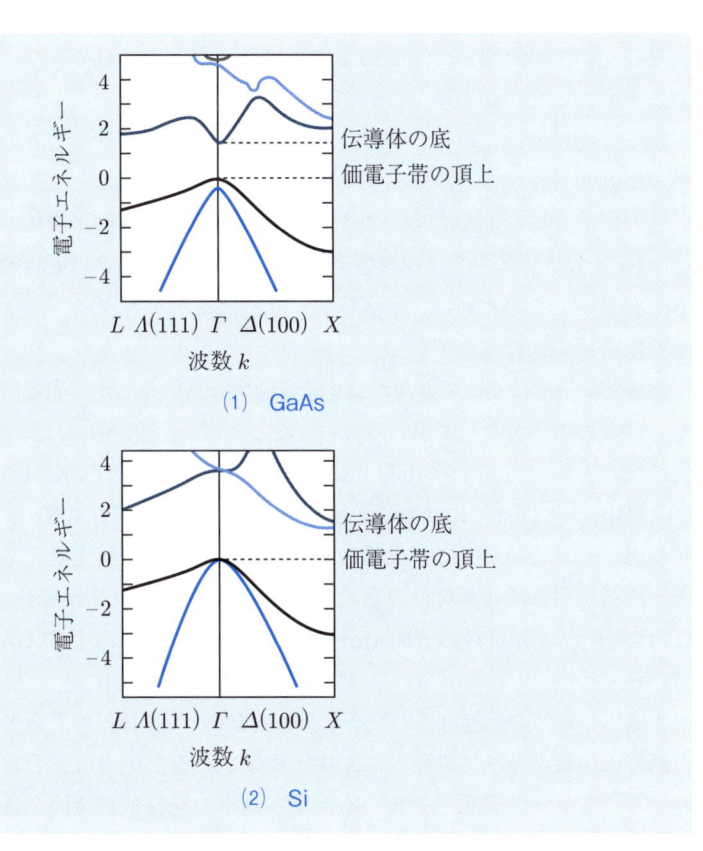

(1) GaAs

(2) Si

図 11.3 Si（間接遷移型半導体）と GaAs（直接遷移型半導体）のバンド図

の曲線上の点へと電子は遷移する．その縦軸の値の差が吸収する光波のエネルギーになる．図を見ると Si と GaAs では伝導帯の E–k 曲線の極小点の位置が異なる．半導体内の励起で生成された自由電子はエネルギーの低いこの極小点付近に存在する．一方，正孔はエネルギーの高い極大点付近に存在する．GaAsでは価電子帯と伝導帯で極大点，極小点で k の値は一致している．しかし，Siでは極大点，極小点で k の値は異なる．

ここで，励起した自由電子が価電子帯に遷移する場合を考える．すなわち，自由電子と正孔の発光再結合を考える．それぞれの曲線の上下の差が放出される光のエネルギーになる．これは，曲線の極小点と極大点のエネルギー差になる．問題は，横軸の k の値の違いである．Si ではこの差だけ，運動量保存則を満たさない．したがって，このままでは発光することはできない．この運動量の差を埋める必要がある．これに格子振動が関与する．

格子振動は光波とは逆にエネルギーは小さく，運動量は大きい．このために格子振動が介在すると，Si においても発光は可能になる．格子振動の関与がない場合にも遷移可能な GaAs などの半導体を**直接遷移型半導体**，格子振動が必要な Si 等の半導体を**間接遷移型半導体**という．遷移確率は直接遷移型半導体の方が大きい．このために，半導体レーザや高輝度発光ダイオードは直接遷移型半導体を用いて作られている．

半導体レーザは小型で寿命が長く発光効率が良いことから光通信用光源，DVDや CD などの光源として用いられる．たとえば，光通信用には光ファイバが低損失になる 1.5～1.6 μm 帯，CD 用には波長 0.78 μm，DVD 用には波長 0.65 μm，BD（Blu-ray Disc）には集光面積を小さくできる波長 0.405 μm の半導体レーザが用いられている．この発振波長の違いは半導体材料を変えることで実現できる．通信用には 4 元材料の GaInAsP が，CD 用には 3 元材料の AlGaAs が，DVD 用には 4 元材料の AlGaInP が，BD 用には 2 元材料の GaN が用いられている．

半導体レーザの励起は他のレーザとは異なり，半導体の特長を生かして，pn 接合部での少数キャリアの注入により行われる．つまり，pn 接合に順方向電流を流すことでレーザ発振させている．発振効率や発振波長特性を良くするために**ダブルヘテロ構造**（両面を異なる半導体で挟まれた構造）が用いられている．これは，禁制帯エネルギーの小さな半導体極薄膜を禁制帯エネルギーの大きい半

11.2 レーザの種類と構造

導体で両側から挟むことで，極薄半導体内にキャリアと光を同時に閉じ込める構造になっている（図 11.4）．光波は禁制帯エネルギーの小さい半導体をコアとした導波路構造内を伝搬する．この構造は半導体基板上に**エピタキシャル成長**により連続的に異種の半導体を結晶成長することで実現している．

エピタキシャル成長とは，下地結晶と同じ原子間隔を持つ薄膜を結晶成長させる技術である．この技術開発によりダブルヘテロ構造を形成できるようになり，その結果，半導体レーザの室温での連続発振を実現した．活性領域の大きさは，共振器長 300 μm，幅 2 μm，厚さ 0.2 μm 程度と小さく，素子全体の大きさも一辺は数百ミクロン以下になっている．また，半導体集積回路に用いられているプレナー技術を用いて製作するような工夫が進められており，光 IC 化も可能になりつつある．

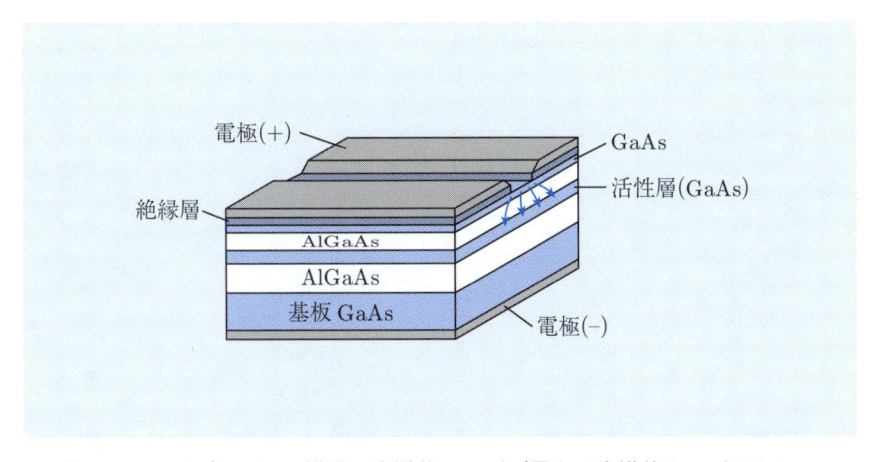

図 11.4 ダブルヘテロ構造の半導体レーザ（異なる半導体をエピタキシャル成長させる．このためには格子定数を一致させることが必要である．格子定数の差は格子歪となり物性に影響を及ぼす．格子歪を積極的に利用する方法も考案されている）

11章の問題

☐ **11.1** ダブルヘテロ構造の半導体レーザのエネルギー帯図を描きなさい．

☐ **11.2** 半導体レーザにおいて，鏡面の屈折率を 3.5，共振器長を $300\,\mu m$，内部吸収を $10\,\mathrm{cm}^{-1}$ とした場合，発振に必要な利得 g を求めなさい．

☐ **11.3** 種々のレーザがあるが，光通信には半導体レーザが用いられている．この理由を述べなさい．

第12章

光検出器

　光検出器は光信号を電気信号に変換する装置である．この変換において，重要なキーワードは感度と雑音である．極微弱光や超高速光パルスを電気信号に変換するには，高感度，低雑音であることが必須である．本章では検出感度について説明した後，電磁シールドで低減化できない熱雑音と量子雑音を取り扱う．前者は電子が熱振動することで生じ，後者は電子が荷電粒子の最小単位であるために生じる．量子雑音は最後に残る究極の雑音でもある．さらに，種々の光検出器も説明する．

第 12 章　光検出器

12.1　光検出の原理

光を検出する方法には大きく 3 通りの方法がある．

(1)　光のエネルギーを物質の熱に変換してその温度を測定する方法
(2)　物質の表面に光を当て表面から放出する光電子を電子電流として測定する方法
(3)　物質内で光吸収によりキャリア数を増加させて電流として光を測定する方法

である．

　(1) による方法は他者とは異なり，広い波長の光強度の測定が可能であり計測用検出器として応用範囲は広い．特に赤外光の検出に適している．
　一方，(2) の方法は金属表面からの放出電子を測定するために金属の仕事関数以上のエネルギーを持つ光を計測できる．このために，光子エネルギーの比較的高い可視から紫外域の光計測に適している．また，光増倍作用を用いることで微弱光の測定が，さらに冷却して熱雑音を低下させることで，極微弱光の測定も可能である．
　(3) の方法は半導体の光吸収により生成されるキャリアを用いるために，半導体のバンド間遷移領域の波長に限定される．しかし，小型化が可能なために応用範囲は広い．
　感度の良い小型検出器には (2), (3) の方法が用いられている．これらの検出器は量子効率が高く，低雑音であることが重要な特長である．

12.2 光検出の感度

まず，量子効率について説明する．**量子効率** η は，1個の光子が検出器に入射したときに何個の電子が検出器から放出されるかで定義されている．

$$\eta = \frac{\frac{i}{e}}{\frac{P_{\text{in}}}{\hbar\omega}} \tag{12.1}$$

ここで，i は電流密度，e は電子の電荷量，P_{in} は単位面積当たりの入射光パワー，ω は入射光の角周波数である．この量子効率は光が照射される面の材料で決まる．また，応用上からは出力電流値 I を入力光パワー W_{in} で割った**放射感度** S が使われる．

$$S = \frac{I}{W_{\text{in}}} \tag{12.2}$$

ここで，光照射面積と検出光電流の面積が等しい場合，すなわち

$$\frac{I}{W_{\text{in}}} = \frac{i}{P_{\text{in}}} \tag{12.3}$$

の場合

$$\eta = \frac{\hbar\omega}{e} S \tag{12.4}$$

になる．

光エネルギーは電子電流に変換されるが，同時に光検出器内には雑音が発生する．この信号電力 S と雑音電力 N の比を **SN 比**という．ここで，増幅器を用いて検出信号を増幅する場合を考える．増幅器への入力信号電力を S_{in}，入力雑音電力を N_{in} とする．増幅度 G の増幅器を用いて増幅する際に増幅器内では増幅器自体が雑音 ΔN を発生する．この場合，出力信号電力 S_{out} は $S_{\text{out}} = GS_{\text{in}}$，出力雑音電力 N_{out} は $N_{\text{out}} = GN_{\text{in}} + \Delta N$ になる．したがって，出力信号の SN 比は

$$SN_{\text{out}} = \frac{S_{\text{out}}}{N_{\text{out}}} = \frac{GS_{\text{in}}}{GN_{\text{in}} + \Delta N} = \frac{1}{1 + \frac{\Delta N}{GN_{\text{in}}}} \frac{S_{\text{in}}}{N_{\text{in}}}$$
$$= \frac{SN_{\text{in}}}{F} \tag{12.5}$$

ここで

$$F = 1 + \frac{\Delta N}{GN_{\text{in}}} \tag{12.6}$$

を**雑音指数**といい，F は必ず 1 以上になる．すなわち，増幅することで SN 比は必ず小さくなる．したがって，雑音に埋もれた信号はいくら電気的に増幅しても，信号を取り出すことはできない．微弱光を検出するためには SN 比の高い検出器が必要になる．

12.3 光検出の雑音

12.1 節の (2), (3) の方式の光検出器内の雑音は 2 種類ある．図 12.1 に示す熱雑音と量子雑音である．**熱雑音**は検出器内で電子が熱的にランダムに運動することで引き起こされる．光検出器の電流を $i(t)$，その平均電流を I_0 とすると，この電流変動は $i(t) - I_0$ になる．これにより抵抗 R の両端に生じる電圧変動は $R(i(t) - I_0)$ になる．したがって，雑音電力は

$$N_\text{th} = \frac{1}{T_\text{A}} \int_0^{T_\text{A}} R(i(t) - I_0)^2 \, dt$$

と表される．ここで，T_A は光検出器の応答時間である．ところで，この変動は熱によって生じることから，この値は熱エネルギー $k_\text{B}T$ に比例するはずである．その帯域は十分に広い．これを測定帯域 B の測定器で測定することになる．したがって，熱雑音電力 N_th は $k_\text{B}TB$ に比例する．正確な計算を行うと，これに係数の 4 が付く．

$$N_\text{th} = 4k_\text{B}TB \tag{12.7}$$

○：生成電子
生成確率がポアソン分布関数

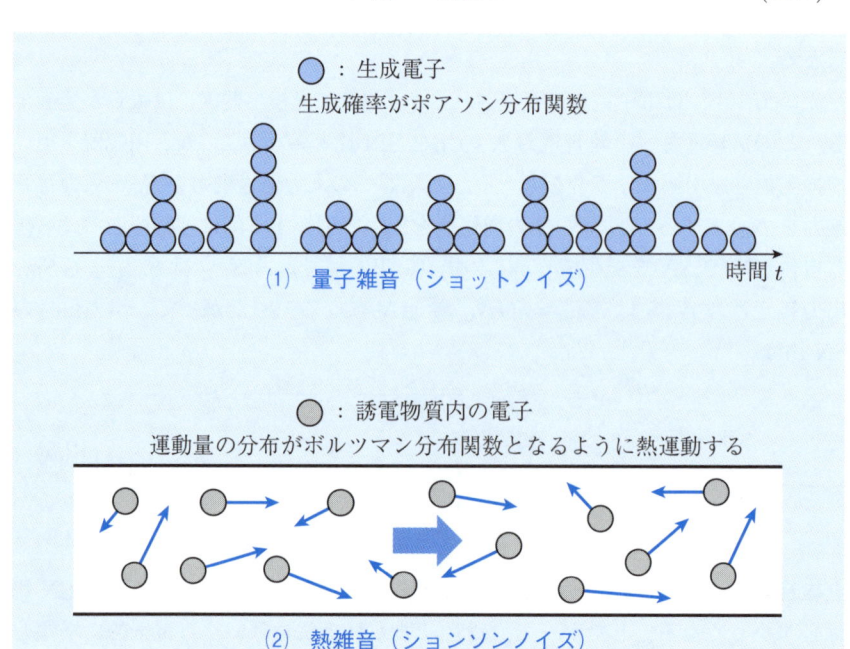

(1) 量子雑音（ショットノイズ）　　　時間 t

○：誘電物質内の電子
運動量の分布がボルツマン分布関数となるように熱運動する

(2) 熱雑音（ションソンノイズ）

図 12.1　光検出器の雑音

ここで，k_B はボルツマン定数，T は光検出器の絶対温度である．

一方，**量子雑音**は光電力を電子に変換する際に生じる．電子は電荷 $-q$ を持つ粒子として振る舞う．電力 P_{in} が検出器に照射される場合，単位時間当たりに生成する電子の平均個数 $\langle n \rangle$ は

$$\langle n \rangle = \eta \frac{P_{in}}{\hbar \omega} \tag{12.8}$$

となる．ここで，η は式 (12.1) の量子効率である．電子を平均個数としたのは，光エネルギー（光子）と電子との変換は確率的現象になっているからである．ある一定数の光子から n 個の電子が発生する場合もあれば，$n-1$ 個や $n+1$ 個の電子が生じる場合もある．この量子効率は 1 個の光子から電子 1 個が生成される確率も意味する．したがって，電子が生成される場合もあれば，生成されない場合もある．この確率はポアソン分布関数になる．検出器が単位時間に生成する電子の数 n の平均値からの差と電子電荷の積 $e \times (n - \langle n \rangle)$ が電流揺らぎである．回路抵抗 R を用いると，この揺らぎによる電力 N_s は

$$N_s = R \langle \{e(n - \langle n \rangle)\}^2 \rangle \times 2B$$
$$= 2e^2 \langle n \rangle RB$$
$$= 2eI_s RB \tag{12.9}$$

ただし，$I_s = e\langle n \rangle$ は検出電流である．また，係数の 2 は電流揺らぎのパワースペクトルが ω の対称関数になることから，帯域を $2B$ としたことによる．ここで，確率がポアソン分布になる場合には

$$\langle (n - \langle n \rangle)^2 \rangle = \langle n \rangle$$

が成り立つ．これらより，光検出器の SN 比は

$$SN = \frac{信号電力}{量子雑音電力 + 熱雑音電力}$$
$$= \frac{RI_s^2}{2eI_s RB + 4k_B TB} \tag{12.10}$$

これに，放射感度の換算式 (12.2) を代入すると

$$SN = \frac{(SW_{in})^2}{\left(2eSW_{in} + \frac{4k_B T}{R}\right)B} \tag{12.11}$$

が得られる．放射感度 S および回路抵抗 R，帯域 B は検出器のカタログに記されている．これらカタログのデータを式 (12.11) に代入することで SN 比を求めることが可能である．ただし，W_{in} は入力光パワーである．

12.4 種々の光検出器

この節では 12.1 節で述べた光の検出方法を実現するための種々のデバイスについて述べる．(1) の方法では光波エネルギーを物質に照射し熱に変換した後，その熱量を測定することが必要になる．その測定デバイスを 12.4.1 項に示す．(2) の光による電子放出は光電効果といわれ，高校の物理で学んだと思う．光電効果に用いられる種々の光電面材料を 12.4.2 項に示す．(3) の方法では光吸収により生成される半導体内の電子密度と正孔密度を測定することになる．その測定デバイスを 12.4.3 項に示す．最後に，12.4.4 項で光エネルギーを電気エネルギーに変換する太陽電池について述べる．

12.4.1 熱変換検出

光から変換した熱を検出する方法には

- (a) 熱電対を用いる方法
- (b) 熱による比抵抗変化を用いる方法
- (c) 熱による膨張を検出する方法

がある．また，次の方法もある．

- (d) 誘電体の分極が熱で変化する焦電効果を用いた赤外線検出器

熱変換による光検出においてはまず，物体に照射した光を反射させない工夫が必要である．これには**金黒**といわれる手法が用いられている．比較的圧力の高い真空状態で金を蒸発させ，金の微粒子を表面に堆積させる方法である．照射した光は多孔質の金微粒子間で反射を繰り返し，吸収される．このために表面は真っ黒に見える．金に限らずに光を透過しない物質で穴径の小さい多孔質膜を形成すると，表面からの反射光がなくなり真っ黒になる．

(a) **熱電対を利用する方法**　金黒を片面に施した金属箔に熱電対を接触させ，その熱起電力を測定する．微小な温度上昇を測定するために，熱起電力が大きく比抵抗の小さい熱電対材料を用いることが必要である．さらに，熱伝導を小さくする工夫も必要であり，素子は真空中に封入される．また，素子抵抗が低いために素子からの出力は直接増幅器に接続しないで，インピーダンス変換トランスを介して接続する．構造的に周波数応答性は悪い．

(b) **比抵抗の温度変化を用いる方法** ボロメータといわれる．これは，抵抗の温度係数が大きな 2 個の金属を用いて対称なブリッジ回路を組み，一方の金属に光を照射し，その温度変化を抵抗変化として測定する．金属の代わりにカーボン，ゲルマニウム，InSb なども用いられる．低温に冷却し熱雑音を低減させ，遠赤外光測定にも用いられているが周波数応答性は悪い．

(c) **熱膨張を用いた方法** ヌーマチックセルといわれる．気体の熱膨張を利用する．気体を薄膜で 2 分割し，一方の気体に被測定光を照射して熱膨張させる．この変化は圧力変化となり，気体を 2 分割させた薄膜を歪ませる．膜に計測光を照射してこの歪を光路変化として計測するか，もしくは，コンデンサを形成してこの歪を容量変化として測定する．

(d) **焦電効果を用いた素子** 強誘電体の分極表面に帯電している電荷が温度で変化することを利用して赤外線強度を測定する．このため測定値は光の波長依存がない．測定素子の材質には $Pb(Zr_x, Ti_{1-x})O_3$（PZT），三硫化グリシン（TGS），ポリビニリデンジフロライド（PVDF）などが用いられる．通常，フィルタを用いて赤外線の一部に感度を持つように調整される．人体から放射される赤外線を利用して，人間の存在の検出にも応用されている．

12.4.2 光電効果

光電効果は金属表面に光を照射したときに，光のエネルギーが金属の仕事関数よりも大きい場合に金属表面から電子を放出する現象をいう．可視域の光のエネルギーは 2～3 eV になるが，この値よりも小さい仕事関数を持つ金属を光電面に用いる必要がある．光電面材料としては，可視域から紫外光にはバイアルカリ（Sb–Rb–Cs），（Sb–K–Cs）が，近赤外光から紫外光にかけて高い感度と広い波長範囲を持つマルチアルカリ（Na–K–Sb–Cs）がある．紫外域から真空紫外にかけては（Cs–Te），（Cs–I）が用いられる．また，**S–1 光電面**といわれる（Ag–O–Cs）も波長 0.3～1.2 μm に感度がある．これら光電面を陰極にして陽極との間に高電圧を印加して使用する．光電面から出た電子は集束電極を通してダイノードといわれる電子増倍部に送られる．ここで，2 次電子放出により電子数を増倍して電流を大きくした後，陽極に収集される．2 次電子放出により増倍するために高感度で低雑音の光検出ができる．この光検出器を**光電子増倍管**という．特にノイズの少ない光電子増倍管に微弱光を入射させると，離散的に起こる電子放出を電流パルスとして捉えることが可能になる．この電流パルス数をカウントすることで，ノイズの少ない微弱光の測定が可能になる．

この計測法を**フォトンカウント法**といい，種々の微弱光測定に用いられている．また，低温に冷却することで熱雑音が減少し，さらに極微弱光の検出も可能になる．シンチレータといわれる放射線を可視光に変換する蛍光物質と併用することで宇宙線や放射線の測定もできる．

12.4.3 半導体光検出器

照射した光を半導体が吸収しキャリアを生成することを利用して光検出を行う．生成されるキャリアは照射する光強度に比例する．したがって，キャリア密度を計測することで光強度の測定が可能になる．さらに，半導体光検出器は光信号検出だけでなく，光エネルギーを電気エネルギーに変換する太陽電池として捉えることもできる．

キャリア密度の測定方法には2通りある．1つは半導体を抵抗体としてみたとき，キャリア密度の変化で比抵抗の変化することを利用する方法である．この効果を**光導電効果**（フォトコンダクタンス）という．一方，半導体に**pn**接合を形成し，これに逆方向電圧を印加して光吸収で発生するキャリアを逆方向電流として測定する方法がある．このタイプの検出器を**フォトダイオード（PD）**という．

光導電効果を用いた素子としては，材料に可視光域に感度のあるCdS焼結体を用いたCdSセルが市販されている．構造が簡単で安価なために，暗くなると点灯し足元を照らす照明器具の光センサに用いられている．光量により変わる抵抗値を電子回路で検出し，照明具のON-OFFを行う．一方，PbSやPbSeを用いた素子は，ガラスデュワーを用いて液体窒素で冷却することで熱雑音を除去して，高感度な近赤外検出器として利用されている．感度はPbSの方がPbSeよりも1桁以上高いが，逆に応答時間は2桁程度遅いという特徴の違いがある．また，1 kHz～100 kHzの信号で変調しても検出感度が変わらないことから，赤外域の計測には液体窒素温度に冷却したMCT（HgCdTe）が用いられている．

フォトダイオード（PD）は半導体のpn接合に逆バイアスを印加して光電流を外部抵抗に流し，抵抗の端子電圧として取り出す．光を照射しないときでも，熱励起された電子・正孔が逆方向電流として素子内を流れる．これを**暗電流**という．この暗電流が大きいと，微弱光電流は埋もれて検出感度は低下する．暗電流の大きさは半導体の禁制帯幅に依存する．禁制帯幅が狭くなると暗電流は増加する．PDに利用される半導体にはSiがあり，紫外から近赤外まで広い範囲に用いられている．光通信への利用波長帯の$1.55\,\mu m$付近ではGeが用いられているが，禁制帯幅が狭いためにSiに比較して暗電流は2桁程度大きな値である．

さらに，長波長帯では波長 1.6 μm までの感度がある InGaAs が用いられている．

フォトダイオードでは周波数応答が悪いために高速光パルスを検出できない．これは逆バイアス印加時に形成される**接合容量**（空乏層の微分容量）が大きいことが主因である．これを回避するために2通りの方法が取られている．1つは，pn 接合の間に真性半導体領域（i 層）を挿入して空乏層幅を広くし，接合容量を低減する方法である．このようにして形成されたフォトダイオードを **pin フォトダイオード**という．一方，受光表面とは反対の伝導性を持つ不純物の少ない層を形成し，大きな逆方向電圧を印加することで，この層で雪崩降伏現象を起こさせることができる．pin フォトダイオードと同様に低不純物層を介しているためにフォトダイオードよりも空乏層幅は広くなり，周波数特性は改善される．その上，雪崩降伏現象で光電流を 100 倍程度増幅することが可能になる．このために，初段増幅器が不要になる．この素子を**アバランシェフォトダイオード**（**APD**）という．光通信用の受光器としては pin フォトダイオードと低ノイズ前置増幅器の組合せ，またはアバランシェフォトダイオードが用いられている．それぞれ一長一短がある．

12.4.4 太陽電池

フォトダイオードは pn 接合に逆方向電圧を印加して，光量に比例して流れる光電流を検出する．太陽電池は逆方向電圧を印加しないで光電流を利用する．したがって，pn 接合には p 側に正，n 側に負の電圧が生じ，pn 接合内では n 側から p 側に向かって電流は流れる．これは乾電池などの電源と同じ電圧と電流の向きである．このために発生した光起電力は外部に取り出せる．取り出すことができる最大電力は，太陽電池の電流電圧特性曲線上で，その積が最大になる電流と電圧である．この電圧を電流で割った値が最大電力を取り出す負荷抵抗値であるが，入射光強度によりこの電流電圧特性は変化するために最大電力を取り出すための負荷抵抗は変化する．材料にはシリコン結晶や非晶質のシリコン薄膜，または多結晶シリコンが用いられ得るが，この順番で光電効率は小さくなり，製造コストも下がる．シリコン以外の材料として $CuInSe_2$（CIS）や，これに少量のガリウムを加えた CIGS が高効率で比較的安価な太陽電池として開発されている．さらに，有機膜を材料にした太陽電池も開発されている．この素子の効率は悪いが大面積の物が製造でき，しかも価格は安い．

第12章 光検出器

12章の問題

- **12.1** フォトダイオードの構造を調べなさい．
- **12.2** フォトダイオードと太陽電池の使い方を比較しなさい．

第13章

光導波路

　平面波を用いて平板光導波路内の電磁界と伝搬特性を説明する．一般的にはマクスウェルの波動方程式とコアとクラッディング間の境界条件から，固有値方程式を導出し，電磁界分布や伝搬特性を議論する．しかし，平板導波路の厚さ方向の共振を考えることで，微分方程式を解くことなく電磁界分布や固有値方程式を導出することも可能である．むしろ，この方が伝搬モードの概念は理解しやすい．光ファイバの持つ低損失，広帯域という特長が光通信に用いられる理由である．この点についても説明する．

第13章 光導波路

13.1 光導波路の原理

光波は自由空間を伝搬すると回折効果のために広がる．光強度分布 $I(r)$ が式 (13.1) で表されるビーム状の光波を考える．ここで，r は光ビームの伝搬方向に垂直な横方向の距離である．

$$I(r) = I(0) \exp\left(-\frac{r^2}{w_0^2}\right) \; [\mathrm{W \cdot m^{-2}}] \tag{13.1}$$

このような光波のビームを**ガウスビーム波**という．また，w_0 を**スポットサイズ**という．w_0 はガウスビームの半径で，光強度が中心の e^{-1} 倍となる距離である．この光ビームは自由空間を伝搬すると回折効果により角度 $\Delta\theta$ で広がる．

$$\Delta\theta \cong \frac{\lambda}{2\pi w_0} \; [\mathrm{rad}] \tag{13.2}$$

ただし，λ は光波の波長である．

たとえば，波長 $\lambda = 1\;[\mu m]$, $w_0 = 1\;[\mathrm{mm}]$ の光ビームでは

$$\Delta\theta = 1.59 \times 10^{-4} \; [\mathrm{rad}]$$

になる．距離 $L = 1\;[\mathrm{km}]$ を伝搬すると光ビームは

$$\Delta\theta \times L = 1.59 \times 10^{-1} \; [\mathrm{m}]$$

に広がる．単位面積当たりの光強度は

$$\left(\frac{w_0}{\Delta\theta \times L}\right)^2 \cong 3.95 \times 10^{-5}$$

となる．光伝送を考え，直径 1 mm の光検出器で光検出を行うと，1.0×10^{-3} W の光ビームが 1 km 伝搬した後に捕獲される光波のパワーは 3.95×10^{-8} W まで減少する．すなわち，自由空間を伝搬させた光ビームは回折効果により広がり，検出器で検出できる光パワーは伝搬距離の 2 乗に反比例して減少する．

光軸上にレンズを挿入することで，この回折効果を補償することは可能である．しかし，長距離伝送する場合，光軸上のレンズの位置や角度がわずかにずれても，軸ずれにより光ビームは次のレンズに照射しない．このために，レンズ以外の方法で補償することが必要になる．そこで，鏡の反射を利用する方法を考える．内面を鏡面にした円筒を用意し，この内部で光ビームを伝搬させる．光ビームは反射を繰り返しながら他端まで伝搬する．このとき，反射率を 100% にすることが可能ならば光パワーを減少させることなく伝送することが可能になる．

13.1 光導波路の原理

100%の反射には，全反射を利用する．屈折率の異なる2種類の円筒状媒質を同心円状に配置する．内側媒質の屈折率 n_1 を外側媒質の屈折率 n_2 よりも高くすることで（$n_1 > n_2$），境界で全反射させることが可能になる．内側媒質を**コア**，外側媒質を**クラッディング**（クラッド）という．光ビームはコアとクラッディングの境界で全反射を繰り返しながらコア内を伝搬する．このような細い繊維状の物を**光ファイバ**という．

光ファイバ内を伝搬する光波を理解するために，図13.1に示すように平板上のコアの両側を平板上のクラッディングで挟んだ2次元構造を考える．これを**平板導波路**という．まず，コアとクラッディングの境界での全反射条件を検討するために，入射角 θ，補角 ϕ の光線を考える．

$$\phi + \theta = \frac{\pi}{2}$$

この場合，臨界角 ϕ_c は 6.3 節より

$$\phi_c = \cos^{-1}\left(\frac{n_2}{n_1}\right) \tag{13.3}$$

になる．したがって

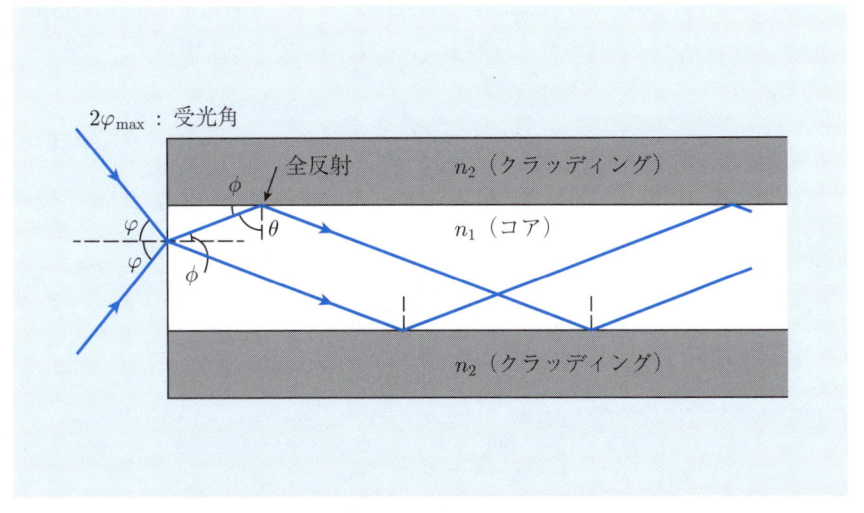

図13.1 平板光導波路の構造（クラッディング側からはコアに光を入れることはできない．コアとクラッディング間に周期的に凹凸を付けた場合には特定の波長の光波を特定の角度でコア内からの出し入れが可能）

$$\phi < \phi_c \quad (= \cos^{-1}\left(\tfrac{n_2}{n_1}\right)) \tag{13.4}$$

で境界に入射する光線は全反射する．この角度で全反射を繰り返す光線は平板導波路内を減衰することなく伝搬する．

次に，この伝搬する光線を導波路に入れる方法を考える．クラッディングを通して外部から入射する光線を考える．この場合にはどのような角度で入射しても，コア内を通過して他方のクラッディングから出て行く．すなわち，クラッディング側からの入射ではコア内を伝搬させることはできない．伝搬光がコアから漏れ出ないことから，光線の可逆性を考えれば当然のことである．

それでは端面から入射した場合はどうだろうか．空気からコアに入射する際に光線は屈折する．その入射角を φ とする．入射後のコア内での角度 ϕ はスネルの式より

$$\begin{aligned}\sin(\varphi) &= n_1 \sin(\phi) \\ &= n_1 \sqrt{1 - \cos^2(\phi)}\end{aligned} \tag{13.5}$$

になる．コア内の角度 ϕ が式 (13.4) を満たすことで，入射光線は平板導波路のコアとクラッディング境界で全反射する．したがって，φ が満たすべき条件は次式である．

$$\sin(\varphi) < \sqrt{n_1^2 - n_2^2} \tag{13.6}$$

すなわち，導波路のコア部への入射角 φ が式 (13.6) を満たす光線だけが平板導波路内を伝搬できる．

$$\begin{aligned}\varphi_{\max} &= \sin^{-1}\left(\sqrt{n_1^2 - n_2^2}\right) \\ &\cong \sin^{-1}(n_1 \sqrt{2\Delta})\end{aligned} \tag{13.7}$$

ただし

$$\Delta = \tfrac{n_1 - n_2}{n_1}$$

とし，これを**比屈折率差**という．この角度の 2 倍 $2\varphi_{\max}$ を**最大受光角**といい，

$$\sqrt{n_1^2 - n_2^2} \cong n_1 \sqrt{2\Delta}$$

を**開口数**という．

例題 13.1

コアの屈折率 $n_1 = 1.5$，比屈折率差 $\Delta = 0.01$ の光導波路の最大受光角を求めなさい．

【解答】 式 (13.7) を用いて

$$2\varphi_{\max} = 2\sin^{-1}\left(n_1\sqrt{2\Delta}\right)$$
$$= 2\sin^{-1}\left(1.5\sqrt{0.02}\right)$$
$$= 24.5°$$

となる．

● 光線は気ままに曲がる ●

幾何光学を勉強すると，光線は直進し，これを曲げるにはプリズムやレンズ，鏡が必要だと考えるようになる．しかし，すでに第 7 章を学んだ読者は「そんなことはあるものか」と即座に思うだろう．光線は，波面を制御することでいかようにも曲げることが可能であり，波面は屈折率分布を変えることで制御可能である．さて，今回のコラムは蜃気楼の話である．

奇々怪々な現象は何といっても旧暦 7 月の晦日の風の弱い新月の夜に有明海に突如として現れる不知火である．海岸から数 km の沖に数千もの火が横一列に数 km に渡って見えるという．これは，真夏に日光で熱せられた浅瀬で真っ暗な夜に起こる現象のようだ．光通信の黎明期の 1965 年頃に，この蜃気楼を利用した光伝送の実験が行われている．パイプ内のガスに温度差を付けて屈折率分布を設けることで，光の伝送を試みたのである．この研究成果から屈折率分布型光ファイバが生み出され，また各種のモード解析手法が編み出されている．

蜃気楼に話を戻す．富山県魚津市沖の蜃気楼である．この蜃気楼は夏と冬では異なる景色が見えるという．夏と冬とでは日本海の水温とその上空の気温は相当に違うだろう．これは自然界が作り出した壮大な光スイッチである．

13.2 伝送モード

光導波路内の光伝搬を波動として捉える．前節の光線を，それと垂直な等位相面を持つ平面波で置き換える．光導波路内をジグザグに進行する光線の光軸と垂直の方向だけを考えると，コアとクラッディング間で反射を繰り返していることがわかる（図 13.2）．これは光波が 2 つの境界面内で共振し，定在波を形成していることを意味する．すなわち，コア内に存在できるのは定在波を形成できる光波のみである．このようにして導波路内を伝搬する光波を**伝搬光**といい，伝搬できずに導波路から出て行く光波を**放射光**という．

コアとクラッディングの境界に角度 ϕ で入射する平面波は

$$\boldsymbol{E}(t,x,z) = \boldsymbol{E}_0 \exp\{j(\omega t - \boldsymbol{k}\cdot\boldsymbol{r})\}$$
$$= \boldsymbol{E}_0 \exp\{j(\omega t \mp k_x x - \beta z)\} \quad (13.8)$$

で表される．ここで z は光軸方向，x は光軸に垂直な方向，k_x および β は x 方向，z 方向の空間周波数である．また

$$\tan(\phi) = \frac{k_x}{\beta}$$

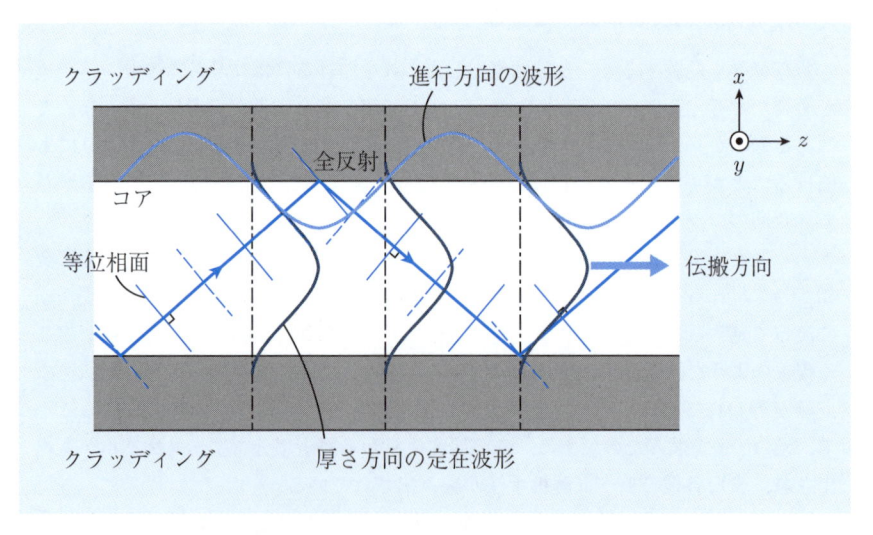

図 13.2 平板光導波内の光線（厚さ方向では上下の境界で反射され定在波が生じていることに注意して欲しい．指数関数的にクラッディングまで電界分布が広がっていることにも注意，これはグース–ヘンシェンシフトと同じ現象である）

13.2 伝送モード

になる. 式 (13.8) の複号は光波が x 方向の正方向と負方向に進行することを示す. x 方向にだけ着目すると

$$\boldsymbol{E}(t,x,z) = \boldsymbol{E}(t,z)\exp(\mp jk_x x) \tag{13.9}$$

になる. 上下に振動する光波を加え合わせると次式になる.

$$\boldsymbol{E}(t,x,z)_+ = \tfrac{1}{2}\boldsymbol{E}(t,z)\{\exp(jk_x x) + \exp(-jk_x x)\}$$
$$= \boldsymbol{E}(t,z)\cos(k_x x) \tag{13.10}$$

または

$$\boldsymbol{E}(t,x,z)_- = \tfrac{1}{2}\boldsymbol{E}(t,z)\{\exp(jk_x x) - \exp(-jk_x x)\}$$
$$= \boldsymbol{E}(t,z)\sin(k_x x) \tag{13.11}$$

すなわち, コア内で x 軸方向の光波は三角関数により表される.

それでは, クラッディング内では光波はどのようになっているのだろうか. コア–クラッディング境界で全反射していることから, 6.3 節で述べたように, 境界でグース–ヘンシェンシフトが生じている. この現象をもう一度, 境界に入射する平面波の問題として考え直してみる. 4.2 節で述べたように, コア (屈折率 n_1) とクラッディング (屈折率 n_2) の境界の空間周波数ベクトル $\boldsymbol{k}$ を考える. 真空中での空間周波数を k_0 とすると, コアとクラッディング内での空間周波数はそれぞれ

$$|\boldsymbol{k}_1| = |n_1 k_0|$$
$$|\boldsymbol{k}_2| = |n_2 k_0|$$

となる. これが境界で入射角 ϕ_1, 屈折角 ϕ_2 で結ばれる.

$$\boldsymbol{k}_1 = (n_1 k_0 \sin(\phi_1),\ 0,\ n_1 k_0 \cos(\phi_1))$$
$$= (k_{x1}, 0, \beta) \tag{13.12}$$
$$\boldsymbol{k}_2 = (n_2 k_0 \sin(\phi_2),\ 0,\ n_2 k_0 \cos(\phi_2))$$
$$= (k_{x2}, 0, \beta) \tag{13.13}$$

ここで, $\theta + \phi = \frac{\pi}{2}$ に注意. 境界に平行な空間周波数成分は一致しなければならないので

$$n_1 k_0 \cos(\phi_1) = n_2 k_0 \cos(\phi_2)$$
$$= \beta \tag{13.14}$$

これは補角 ϕ を用いたときのスネルの式になる.

さて, クラッディング内の境界に垂直な x 方向の空間周波数は

第13章 光導波路

$$n_2 k_0 \sin(\phi_2) = n_2 k_0 \sqrt{1 - \cos^2(\phi_2)}$$
$$= \sqrt{(n_2 k_0)^2 - (n_1 k_0)^2 \cos^2(\phi_1)} \quad (13.15)$$

ここで式 (13.14) を用いた．全反射が生じるのは

$$\cos(\phi_1) > \cos(\phi_c) = \frac{n_2}{n_1} \quad (13.16)$$

の場合で，式 (13.15) の平方根の中は負の数になり，左辺の $n_2 k_0 \sin(\phi_2)$ は虚数になる．そこで

$$n_2 k_0 \sin(\phi_2) = \sqrt{(n_2 k_0)^2 - (n_1 k_0)^2 \cos^2(\phi_1)}$$
$$= j\gamma \quad (13.17)$$

と置く．一方，式 (13.10) で $k_x = \kappa$ と置き換える．

以上より，平板光導波路のコア内（$|x| \leq a$）の電界分布は

$$\boldsymbol{E}(t, x, z)_+ = \boldsymbol{E}_1 \exp\{j(\omega t - \beta z)\} \cos(\kappa x) \quad (|x| \leq a) \quad (13.18)$$
$$\boldsymbol{E}(t, x, z)_- = \boldsymbol{E}_1 \exp\{j(\omega t - \beta z)\} \sin(\kappa x) \quad (|x| \leq a) \quad (13.19)$$

クラッディング内の電界分布は

$$\boldsymbol{E}(t, x, z) = \boldsymbol{E}_2 \exp\{j(\omega t - \beta z)\} \exp\{-\gamma(|x| - a)\} \quad (|x| > a)$$
$$(13.20)$$

となる．このように厚さ方向で減衰する分布になる．この減衰する領域は**エバネッセント領域**ともいわれる．このように導波路内を伝搬する光波を**伝搬モード**という．式 (13.18) は**偶モード**，式 (13.19) は**奇モード**を表す．また，この κ および γ を用いると，式 (6.44) のグース–ヘンシェンシフト量 $2\Phi_s$ は

$$2\Phi_s = -2\tan^{-1}\left(\frac{\gamma}{\kappa}\right) \quad (13.21)$$

と表される．

いま，光波として 6.2 節の S 波を考える．この場合，$x = a$ での境界条件は，電界の連続とその一階微分が連続であることから，偶モードでは

$$E_1 \cos(\kappa a) = E_2 \exp(-\gamma a) \quad (13.22)$$
$$E_1 \kappa \sin(\kappa a) = E_2 \gamma \exp(-\gamma a) \quad (13.23)$$

が成り立つ．この 2 式より次式が導出できる．

$$\tan(\kappa a) = \frac{\gamma}{\kappa} \quad (13.24)$$

奇モードでは

13.2 伝送モード

$$E_1 \sin(\kappa a) = E_2 \exp(-\gamma a) \tag{13.25}$$

$$E_1 \kappa \sin(\kappa a) = -E_2 \gamma \exp(-\gamma a) \tag{13.26}$$

が成り立つ．この2式より次式が導出できる．

$$\tan(\kappa a) = -\frac{\kappa}{\gamma} \tag{13.27}$$

ただし

$$(n_1 k_0)^2 = \beta^2 + \kappa^2 \tag{13.28}$$

$$(n_2 k_0)^2 = \beta^2 - \gamma^2 \tag{13.29}$$

になる．

導波路の構造パラメータであるコアの屈折率 n_1，クラッディングの屈折率 n_2，導波路の幅 $2a$ と光波の真空中の波長 λ_0 を与えると，偶モードは式 (13.24)，式 (13.28)，式 (13.29) を用いて，奇モードは式 (13.27)，式 (13.28)，式 (13.29) を用いて伝搬定数 β と κ, γ を決定できる．これを式 (13.18)〜式 (13.20) に代入することで導波路内の電界分布が得られ，電界磁界の関係式 (5.32) を用いることで磁界分布も得られる．式 (13.24)，式 (13.27) を**固有値方程式**といい，モードの伝搬定数 β を求める方程式である．

導波路の構造パラメータであるコアの屈折率 n_1，クラッディングの屈折率 n_2，導波路の幅 $2a$，および光波の波長 λ_0 の値により，固有値方程式 (13.27) には複数個の解が存在する．解が i 個の場合，伝搬可能なモードの数は i 個である．コア内に節の少ないモードから 0 次，1 次，2 次とモード番号を付ける．0 次モードの節は 0 個，1 次は 1 個，2 次は 2 個になる．特に 0 次モードだけが存在する導波路を**単一モード導波路**といい，モードが複数個存在する導波路を**多モード導波路**という．

放射光の場合は式 (13.15) で平方根の中が正，すなわち境界で全反射を生じない場合である．

$$(n_2 k_0)^2 - (n_1 k_0)^2 \cos^2(\phi_1) = (n_2 k_0)^2 - \beta^2 > 0 \tag{13.30}$$

したがって，コア内およびクラッディング内の電界分布は次式で表される．コア内で

$$\boldsymbol{E}(t, x, z) = \boldsymbol{E}_1 \exp\{j(\omega t - \beta z)\} \cos(\kappa x) \quad (|x| \leq a) \tag{13.31}$$

または

$$\boldsymbol{E}(t, x, z) = \boldsymbol{E}_1 \exp\{j(\omega t - \beta z)\} \sin(\kappa x) \quad (|x| \leq a) \tag{13.32}$$

クラッディング内では
$$E(t,x,z) = E_2 \exp\{j(\omega t - \beta z)\} \sin(\gamma' x + \phi) \quad (|x| > a) \quad (13.33)$$
と表し，これを**放射モード**という．式 (13.33) は式 (13.20) と異なりクラッディング内でも正弦波であることに注意して欲しい．

伝搬モードの z 軸方向の伝搬定数 β は
$$n_2 k < \beta < n_1 k \quad (13.34)$$
放射モードになるのは
$$\beta \leq n_2 k \quad (13.35)$$
の場合である．それでは $n_1 k < \beta$ の場合はどうなのか．このような電磁波は導波路内に存在しない．すなわち，z 軸方向で減衰波になり導波路を伝搬できない．

コアとクラッディングの境界での全反射を考える際に，光波を S 波として扱った．この場合の電界は境界に沿った y 軸方向になる．光波が P 波のときには磁界が y 軸方向になる．この場合には境界条件の違いから式 (13.21) から式 (13.29) に相当する一連の異なる関係式が導出される．前者を **TE波** (transvers electric wave)，後者を **TM波** (transvers magnetic wave) といい区別している．6.1 節の偏光で説明したように両者は導波路内で独立した電磁界分布である．

■ 例題 13.2 ■

波長 $\lambda = 1\,[\mu\text{m}]$，コアの屈折率 $n_1 = 3.5$，クラッディングの屈折率 $n_2 = 3.3$，導波路幅 $2a = 0.2\,[\mu\text{m}]$ の半導体光導波路の伝搬定数 β を求めなさい．

ヒント：式 (13.28) と式 (13.29) を式 (13.24) に代入すると β についての超越方程式が得られる．これを解くことで β は求まる．なお，この例題は発展的内容のため，興味のない読者は読み飛ばして欲しい．

【解答】 式 (13.28) と式 (13.29) を式 (13.24) に代入すると
$$\tan(\sqrt{(n_1 k_0)^2 - \beta^2}\, a) = \frac{\sqrt{\beta^2 - (n_2 k_0)^2}}{\sqrt{(n_1 k_0)^2 - \beta^2}}$$
ここで
$$V = a k_0 \sqrt{n_1^2 - n_2^2}$$
および
$$b = \frac{\beta^2 - (n_2 k_0)^2}{n_1^2 k_0^2 - n_2^2 k_0^2}$$
と置く．これより
$$\sqrt{(n_1 k_0)^2 - \beta^2}\, a = \sqrt{1-b}\, V$$

13.2 伝送モード

および $\beta^2 - (n_2 k_0)^2 = (n_1^2 k_0^2 - n_2^2 k_0^2)b$ となる．したがって

$$\tan(\sqrt{1-b}\, V) = \frac{\sqrt{b}}{\sqrt{1-b}}$$

となる．この式を書き換えると

$$V = \frac{1}{\sqrt{1-b}} \tan^{-1}\left(\sqrt{\frac{b}{1-b}} + 2m\frac{\pi}{2}\right) \qquad ①$$

となる．ここで，$2m$ $(m = 0, 1, 2, \ldots)$ はモード番号を示す．同様に式 (13.27) からは

$$V = \frac{1}{\sqrt{1-b}} \tan^{-1}\left(\sqrt{\frac{b}{1-b}} + (2m-1)\frac{\pi}{2}\right) \qquad ②$$

が導出できる．同様に $2m-1$ $(m = 1, 2, 3, \ldots)$ はモード番号を示す．ここで，V を**規格化導波路幅**，もしくは**規格化周波数**という．また，単に V **値**という場合もある．b を**規格化伝搬定数**という．

さて，問題を解く際に，まず

$$V = 2a \frac{\pi}{\lambda} \sqrt{n_1^2 - n_2^2}$$
$$= 0.2 \cdot \frac{\pi}{1} \sqrt{3.5^2 - 3.2^2} = 0.28\pi$$

の場合の b の値を求める．この方法だが，あらかじめ種々の b の値を与えて，式①，式②を用いて計算し V 値を求める．この結果の図を描き，図より求める．得られた b の値を

$$\beta = \sqrt{n_1^2 k_0^2 b - n_2^2 k_0^2(b-1)}$$

に代入して伝搬定数 β を計算する．V と b の関係を**図 13.3** に示す．この図より $b = 0.404$．これより $\beta = 3.38 \times k_0$ となる．$n_\text{eff} = \frac{\beta}{k_0} = 3.38$ を実効屈折率という．

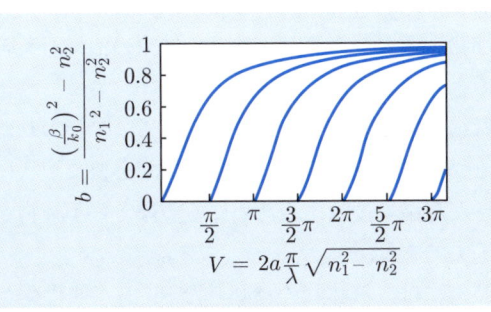

図 13.3 平板導波路の規格化導波路幅 V と規格化伝搬定数 b (b を与えて V を求めると，容易に計算が可能である)

13.3 光導波路の伝搬特性

光が通信に用いられる主な理由は，以下の2点である．

第1に低損失である．マイクロ波用の金属導波管の場合には，導波管内の電磁波に誘導されて金属管内面に表皮電流が流れる．伝送損失の主因はこの際の電気抵抗である．通常は，銀薄膜で表面を被覆して表皮電流の抵抗値を下げている．光伝送の場合には，コア–クラッディング間の全反射を用いるために，境界で生じる損失はない．しかし，中空の導波管と異なり，コア–クラッディング内を光は伝送するために，これら材料による光吸収が起こる．これが，光伝送では伝送損失の主因になる．特に金属イオンとO-H分子振動に起因する吸収損失が近赤外光域に存在している．このために光ファイバではこれら不純物をppb（10^{-9}）程度まで低減することで低損失化を図っている．

第2は広帯域の点である．これは，光の周波数がマイクロ波（一般的に周波数 3 GHz～30 GHz を指す）よりも高いためである．波長 1 μm の光波の周波数は 300 THz（1 THz は 10^3 GHz）となる．このために根本的に伝送できる情報量は（光波が完全にコヒーレントな場合は 10^4 倍）多くなる．

13.3.1 光導波路の損失

光ファイバ用の母材には溶融石英が用いられる．窓ガラスに用いられるソーダガラスはわずかに黄緑色をしている．また，ビール瓶は濃い茶色である．ウイスキーの酒瓶で黒色の物もある．これらは，SiO_2 を主原料に炭酸ナトリウムや炭酸カルシウム，金属イオン，金属酸化物を加えることで，融点を下げ加工を容易にするとともに，紫外線を吸収させて内容物の光による劣化を防いでいる．これら，添加物を極力減少させることで本来の溶融石英の持つ光学特性に近づけることができる．

光ファイバの低損失化は製造方法を改良することで行われた．通常，ガラス製品は原材料をるつぼに入れて溶解し，その後で必要な形状に加工する．この際にるつぼと母材が高温で接触するためにるつぼから不純物が溶け出す．これを避けるための工夫である．

光ファイバの製造には，液体状の精製した $SiCl_4$（四塩化ケイ素）を気化させ，これに O_2 ガスを混合させたガスを原料に用いる．これをバーナーで燃焼

させ，支持ガラス棒に SiO_2 微粒子として同心円状に堆積させる．その後，支持ガラス棒を抜き取り，加熱融解させて潰し，ガラス状の透明な棒（プリフォームロッド）を形成する．このプリフォームロッドを加熱して紡糸する．この形成法を**化学気相堆積法（CVD法）**という．堆積物は当初は多孔質の白墨状の物質であるが，加熱し融解することでガラス状になる．この際の堆積方法の違いにより，製造方法は外付CVD法，内付CVD法，軸付CVD法と3種類に大別されている．その中で，軸付CVD法といわれる製造方法は日本企業が基本的製造特許を持っている．

このようにして不純物を最小限に抑えても損失は存在する．まず，溶融石英のSiとOの共有結合による赤外吸収である．これは波長 $9\,\mu m$, $12.5\,\mu m$, $21\,\mu m$ に存在する．この光吸収の裾野が光通信で用いる波長の近赤外域にまで伸びている．一方，非晶質を用いているために微細な構造斑がある．この密度の不均一性は光の波長よりも微小な領域での屈折率を不均一にする．これは光波の散乱を引き起こす原因になる．**レイリー散乱**といわれる現象である．海水や地球が青いもの，夕焼けが赤いのも原因はこのレイリー散乱による．散乱光強度は光の波長の4乗に反比例する．溶融石英の損失はこの波長の短い方から裾を引くレイリー散乱と波長の長い方から裾を引くSi–O結合の赤外吸収により挟まれた波長域で最小になる．これが波長 $1.55\,\mu m$ 付近になっている．この波長では1 km伝搬した光損失は 0.16 dB 程度と非常に低損失になる（**図13.4**）．すなわち，1 km伝搬して光強度は3.6%ほど減少する．屈折率分布はこれに不純

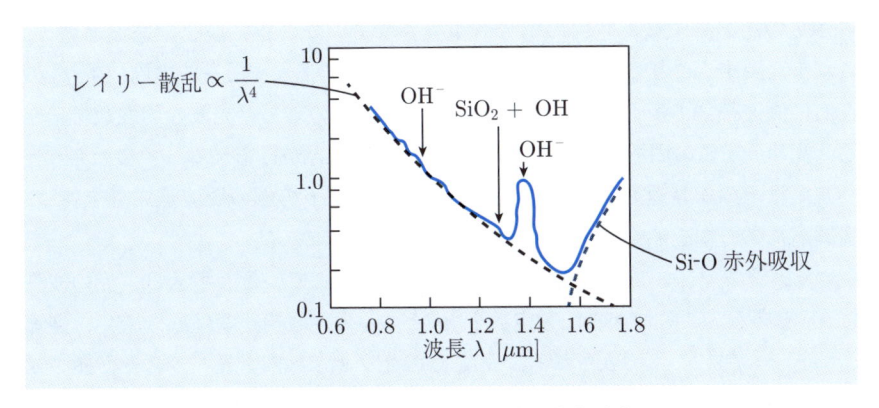

図13.4 石英ファイバの光吸収損失伝

物を添加することで行う．屈折率を下げるためにはホウ素（B）やフッ素（F）が用いられ，屈折率を上げるためにはリン（P）やゲルマニウム（Ge）が用いられている．

このようにして製造した光ファイバの心線を束ねてケーブル化して用いる．ケーブル化に際しては，抗張力体を中心に撚りをかけて束ねられる．この撚りをかけることで光ファイバのコア–クラッディング間にはストレスがかかり，小さな凹凸が形成される．これを**マイクロベンディング**といい，これにより生じる光散乱が伝送損失の原因になる．

ケーブル化された光ファイバはマンホールを通して，地下の坑道内に設置される．この敷設作業時にケーブル間の接続が必要になる．個々の心線を区別するために心線の被覆は色付けされている．接続では一本一本の心線を接続する．この接続は，まず，光ファイバの側面に傷を付けて割ることで断面を平坦にする．次いで，接続する2本の光ファイバを突き合わせて，放電を用いて融解させて接続する．この永久接続法を**スプライス**といい，脱着可能な**コネクタ**による接続法と区別している．この接続により伝送損失が生じる．**接続損失**である．

坑道は地形により曲がるために，敷設ケーブルも曲げられる．これによる光ファイバの曲げも損失の原因になる．**曲げ損失**である．光ケーブル内を伝搬する光波強度はこれら全ての損失により減少する．

13.3.2 光ファイバの伝送帯域

光波を情報伝送に用いる場合，信号を重畳させることになる．通信では発振器からの出力，すなわち何の信号も重畳されていない正弦波を**搬送波**という．これを変調することで情報を搬送波に乗せる．この際に，搬送波の周波数 f_0 の左右に**側波帯** Δf が形成される．$f_0 \pm \Delta f$ が情報の乗った光波の周波数帯になる．光速 c をこの周波数帯で割ると波長帯 $\lambda_0 \pm \Delta\lambda$ が得られる．すなわち，光パルスはその繰り返し周波数の f_0 以外にも，$\pm\Delta f$ の幅の周波数成分を持つ．変調パルスの幅を t_1 とすると，Δf は $\Delta f \cong \frac{2\pi}{t_1}$ になる．

いま，光ファイバ内を z 軸に沿って光波が伝搬していると考える．光の波長は λ_0 である．このときの伝搬定数を β_0 とすると，位相速度は $v_\mathrm{p} = \frac{\omega_0}{\beta_0}$，群速度は $v_\mathrm{g} = \frac{\partial \omega}{\partial \beta}\big|_{\beta=\beta_0}$ で表される．距離 L の光ファイバ内を光パルスを伝搬させると光ファイバの他端に到達するまでの時間，すなわち**遅延時間** τ は

13.3 光導波路の伝搬特性

$$\tau = \frac{L}{v_g} = L \left.\frac{\partial \beta}{\partial \omega}\right|_{\beta=\beta_0} \quad (13.36)$$

で表される．さて，この光波に信号を重畳させたために波長 λ は幅を持つことになる．

$$\lambda = \lambda_0 \pm \Delta\lambda \quad (13.37)$$

このために群速度 v_g も幅を持つことになる．

$$\begin{aligned}
v_g &= v_{g0} \pm \Delta v_g \\
&= v_{g0} \pm \left(\left.\frac{\partial v_g}{\partial \lambda}\right|_{\lambda=\lambda_0}\right)\Delta\lambda \\
&= v_{g0} \pm \left\{\left.\frac{\partial}{\partial \lambda}\left(\frac{\partial \omega}{\partial \beta}\right)\right|_{\lambda=\lambda_0}\right\}\Delta\lambda \quad (13.38)
\end{aligned}$$

この信号が重畳された光波を距離 L だけ光ファイバ内を伝搬させると遅延時間 τ も幅を持つ．

$$\begin{aligned}
\tau &= \tau_0 + \frac{\partial \tau}{\partial \lambda}\Delta\lambda + \frac{\partial \tau}{\partial \beta}\frac{\partial \beta}{\partial \lambda}\Delta\lambda \\
&= L\left(\left.\frac{1}{v_g}\right|_{\beta=\beta_0}\right) + L\frac{\partial}{\partial \lambda}\left(\left.\frac{\partial \beta}{\partial \omega}\right|_{\beta=\beta_0}\right)\Delta\lambda + L\frac{\partial}{\partial \beta}\left(\frac{1}{v_g}\right)\left(\frac{-\omega}{\lambda}\right)\frac{\partial \beta}{\partial \lambda}\Delta\lambda \\
&= L\left(\left.\frac{1}{v_g}\right|_{\beta=\beta_0}\right) - L\left(\frac{\lambda^2}{c}\frac{d^2 n_1}{d\lambda^2}\right)\left(\frac{\Delta\lambda}{\lambda}\right) - L\frac{c}{v_g}\left(\frac{\partial v_g}{\partial \lambda}\right)\Delta\lambda \quad (13.39)
\end{aligned}$$

第 1 項は群遅延時間，第 2 項は**屈折率分散**，第 3 項は**構造分散**を表す．

　光ファイバで光パルスを伝送するとパルス幅が広がる．これを**波長分散**という．光を変調したために，光パルスは種々の波長の波を重ね合わせて構成される．この波長幅 $\Delta\lambda$ により，式 (13.38) に示すように群速度が異なる．このために光パルス幅は広がる．式 (13.39) はこのパルス広がりを示す式である．第 2 項は屈折率に波長依存性があるために生じる項である．

　また，波長が変化すると等価的に導波路の幅が変化したことになる．このために導波路内を伝搬する光波の分布は変化し，その結果として群速度が変化する．この影響が第 3 項である．屈折率分散は光導波路を構成する材料で決まるが，構造分散は導波路の構造で変化する．このために波長分散は導波路構造により制御することが可能である．この性質を利用して種々の波長分散を持つ光ファイバが製造されている．

13章の問題

☐ **13.1** 式 (13.28), 式 (13.29) の差を取り両辺に a^2 を掛けると次式になる.
$$V^2 = a^2 k_0^2 (n_1^2 - n_2^2) = \kappa^2 a^2 + \gamma^2 a^2$$
一方, 式 (13.24) は
$$\gamma a = \kappa a \tan(\kappa a)$$
となる. $X = \kappa a, Y = \gamma a$ とおくと, 両式は次式に書き換えることができる.
$$V^2 = X^2 + Y^2$$
$$偶モード: Y = X \tan(X)$$
$$奇モード: Y = -X \cot(X)$$
この連立方程式を解いて, 解が 1 個の場合の V 値の範囲, 解が 2 個の場合の V 値の範囲を求めなさい.

☐ **13.2** 問 13.1 で解が 1 個および 2 個の場合, 式 (13.18), 式 (13.20) はどのような関数になるか, 概略図を描きなさい.

☐ **13.3** コアの屈折率 3.5, クラッディングの屈折率 3.3 の半導体平板導波路において, 波長 1.5 μm の光波に対して単一モード導波路となるコアの厚さを求めなさい.

第14章

光導波路デバイス

　光工学の応用として，いくつかの光通信用デバイスの動作原理を説明する．それぞれの光機能を考えると，どのような原理を基にして動作しているのかと不思議に思うものである．しかし，すでに前章までに基本的な光波の性質，光波と物質との相互作用などについて説明してある．動作原理はこれらを基に理解できるはずである．ところで，これらデバイスは人の手により発明されたものである．光波の基本的な性質を理解して，想像をめぐらし，着想を得て考え出した動作原理である．その説明を聞くとなるほどと感心する．それでは，どうすれば新しい光機能デバイスの動作原理を考え出せるだろうか．どんなことを勉強すれば可能になるだろうか．光工学を勉強しただけでは足りない能力が何かありそうだが，その能力はどうすれば獲得できるのだろうか．

14.1 光分波・合波素子

　光波の**分岐**，**合波**は光機能素子の基本構成要素である．これは入力導波路の伝搬光を複数本の出力導波路にわける，もしくは複数本の入力導波路の伝搬光を1本の出力導波路にまとめることである．光波には可逆性がある．したがって，同一の構造を分岐・合波ともに用いることができる．光分岐では各導波路への分配比率や，分岐による損失が制御すべきパラメータになる．光分岐の原理として以下の4通りが考えられる．どの原理を用いるかで構造は異なる．

(1) モード変換型　単一モード導波路の2分岐を考える．これは図 14.1 に示すように，基本モードを1次モードに変換して，2個のピークをそれぞれ2個の導波路に結合させる方法である．モード変換はテーパー状の導波路を用いて行うことができる．単一モード導波路の導波路の幅を徐々に広くして2モード導波路に変え，2本の単一モード導波路にわける．このテーパー状の部分で基本モードから1次モードへのモード変換を行わせることになる．損失を低減化するには，効率良くモード変換を行うテーパー部の形状と接続部の急峻構造を形成することが重要である．

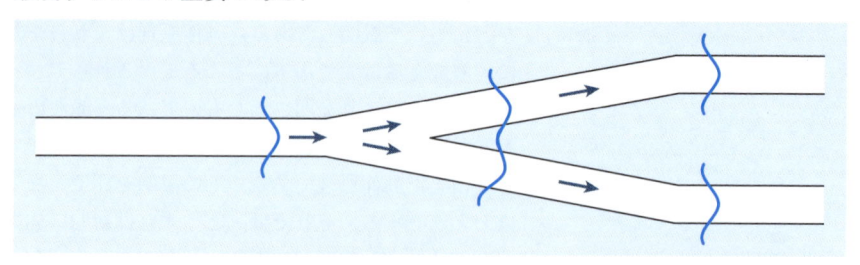

図 14.1　モード変換型（挿入損失が小さくなるように Y 分岐の角度を調整する）

(2) 波面変換型　導波路から出た光波の波面を2山の波面に変換し，それぞれを2本の出力導波路に結合させることで2分岐させる方法である．これは図 14.2 に示すように，本質的にはモード変換だが，変換部では単一モード導波路から放出された光波を自由空間で波面変換させるものと捉える．入射側導波路と2本の出射側導波路の間を光パワーは多数の高次モードにわかれて伝搬する．この高次モードが伝搬する空間を網目状にわけ，それぞれの網目の屈折率を2値的に変化させる．これにより，個々の高次モードで伝搬される光パワー，および

14.1 光分波・合波素子

高次モードの伝搬定数を変化させることができる．この屈折率変化により高次モードが重なり合わされ，形成される伝搬光波の波面の様子は変化する．その波面の様子をシミュレーションし，目的の波面になるように各編目の屈折率を変化させる．

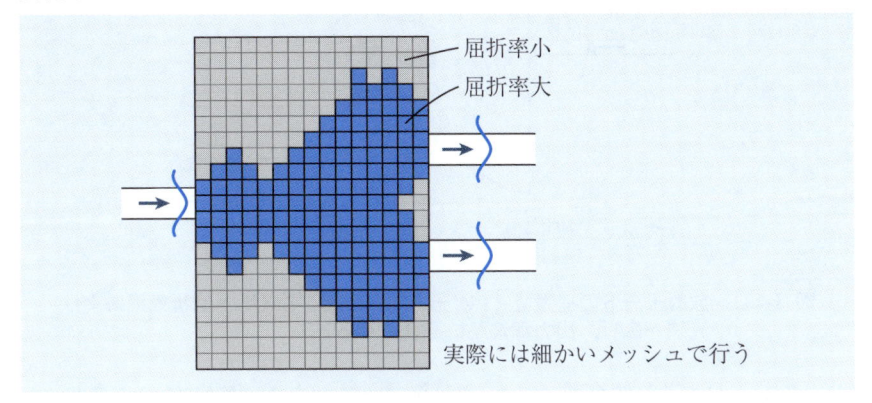

図 14.2 波面変換型（変換部の導波路を進行方向に分割し，BPM 法を用い，所望する波面との差の 2 乗が最小になるように分割層内の屈折率分布を変化させる）

(3) 放射モードの捕獲型 単一導波路の伝搬光を一度に多数の単一モード導波路に分岐する方法である．3 次元単一導波路と 2 次元導波路を結合させる．図 14.3 に示すように，3 次元導波路から 2 次元導波路に放射された光波を回折効果により広げ，これを 3 次元単一モード導波路で捕獲する方法である．捕獲に用いる導波路の軸は，広がった光波の波面に垂直である方が捕獲効率は高くなる．また，効率を上げるために捕獲導波路端部をテーパー状にして，モード形状を変化させる工夫も行われている．この素子は，分岐後に各導波路を伝搬する光波間の位相関係を制御できることが特徴である．

位相関係を保って各導波路への分岐ができることから位相アレイ導波路への応用が可能である．各アレイ導波路の光路長を変え，位相を制御し，合波することで狭い波長間隔での分光が可能になる．これはアドドロップ用のフィルタとして用いられている．さらに動的に位相を制御することで，波長スイッチを形成することも可能である．現在，光通信では波長域多重化により高密度の多重化が行われているが，これら**アレイ導波路素子**の持つ分解能の高い分波機能の寄与が大きい．

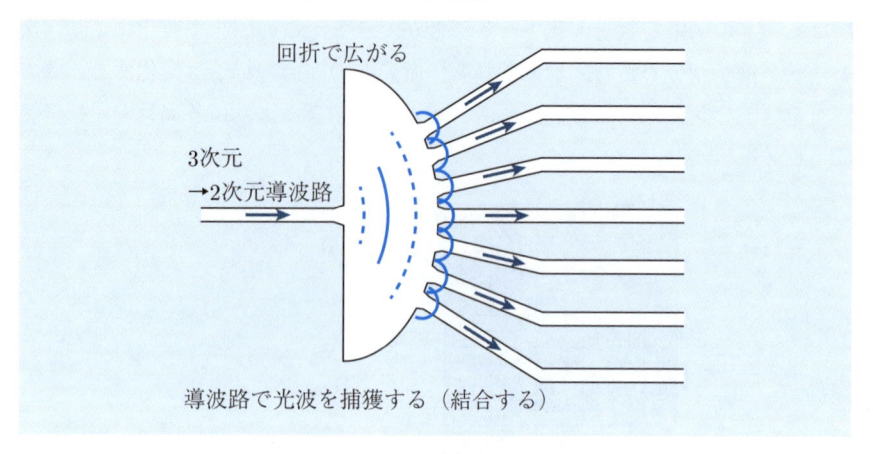

図 14.3 放射モードの捕獲型（1 次元方向の束縛をなくし，回折効果により光波を広げ，出力導波路に結合させる）

(4) 多モード導波路結合型 たとえば，光ファイバを N 本束ねる．この束ねた部分を溶解させ一体化した太い光導波路にする（**図 14.4**）．これにより $N \times N$ の光分岐を構成できる．同様に，N 本の 3 次元光導波路を幅の広い平板導波路に接続させ，出力側にも N 本の 3 次元光導波路を接続させる．これによっても $N \times N$ の光分岐が可能である．この素子のポイントは，光ファイバから太い光導波路に結合させるときに光波を導波路内に一様に広げることである．このための工夫が行われている．

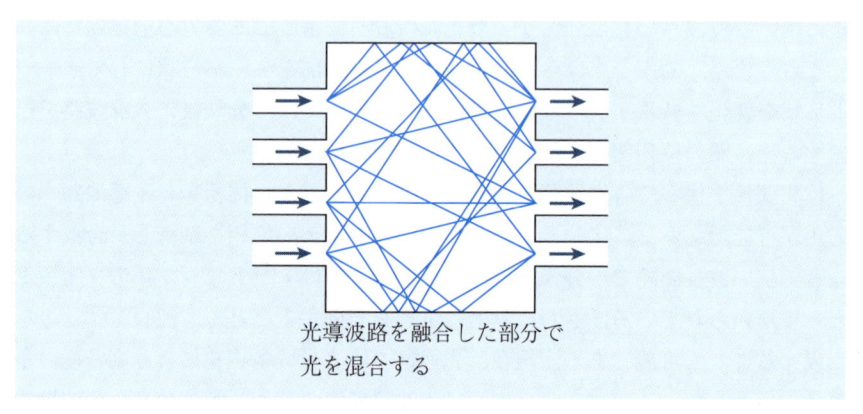

図 14.4 導波路融合型（導波路間隔を狭くしてエバネッセント領域を広くし，強結合させたと考えることもできる）

14.2 方向性結合器

2本の光導波路内を伝搬する光波を互いに結合させることで，一方の導波路を伝搬する光波を他の導波路に移すことが可能である．これを**方向性結合器**という．この応用として，**光スイッチ**が構成できる．また，両者の導波路に**回折格子**を形成し，入射光波が他の導波路から反射するように格子間隔を設定すると，一方の導波路を伝搬してきた光波の中から特定の波長の光波の伝搬方向を反転させ，他方の導波路から出射させることも可能になる（**アドドロップ**という）．さらに，特定の波長の光波だけを他の導波路に移し，残りの波長の光波は元の導波路を伝搬させることも可能である．円形の導波路を直線状の導波路を用いて形成された例もある（**波長フィルタ**）．

導波路 A 内の導波モード A の電界分布を $E_A(x)\exp(-j\beta_A z)$，導波路 B 内の導波モード B の電界分布を $E_B(x)\exp(-j\beta_B z)$ とする．これら電界は次式を満たす．

$$\frac{d^2 E_A(x)}{dx^2} + \left(k_0^2 n_A(x)^2 - \beta_A^2\right) E_A(x) = 0 \quad (14.1)$$

$$\frac{d^2 E_B(x)}{dx^2} + \left(k_0^2 n_B(x)^2 - \beta_B^2\right) E_B(x) = 0 \quad (14.2)$$

ここで，両方の導波路間隔を減少させると，導波モード A のエバネッセントの部分は導波路 B のコア内に，導波モード B のエバネッセント部分も導波路 A のコア内に広がる．この状態では，導波モード A, B は他方の導波路のコアの影響を互いに受けるようになる．これは導波路 A, B を 1 つの導波路とした新たな導波路が形成されたとみなせる．それではその導波路の伝搬モード $E_{\text{total}}(x, z)$ はどうなるだろうか．導波モード A と B の合成モードで近似できないだろうか．

$$E_{\text{total}}(x, z) = E_{\text{total}}(x)\exp(-j\beta z)$$
$$\cong \{A E_A(x)\exp(-j\beta_A z) + B E_B(x)\exp(-j\beta_B z)\} \quad (14.3)$$

ここでは，関数 $E_{\text{total}}(x)$ は関数 $E_A(x)\exp(-j\beta_A z)$ と関数 $E_B(x)\exp(-j\beta_B z)$ とで合成されると考えている．少し表現を変えてみる．関数 $\varphi_1(x)$ と関数 $\varphi_2(x)$ を次式で定義してみる．

$$\varphi_1(x) = E_A(x) + E_B(x) \quad (14.4)$$

$$\varphi_2(x) = E_A(x) - E_B(x) \quad (14.5)$$

このときに $E_{\text{total}}(x)$ は関数 $\varphi_1(x)$ と関数 $\varphi_2(x)$ を用いると次式で表現できる．

第 14 章 光導波路デバイス

$$E_{\text{total}}(x, z) \cong \frac{A+B}{2}\varphi_1(x)\exp(-j\beta_1 z) + \frac{A-B}{2}\varphi_2(x)\exp(-j\beta_2 z)$$
$$= a\varphi_1(x)\exp(-j\beta_1 z) + b\varphi_2(x)\exp(-j\beta_2 z) \quad (14.6)$$

この $\varphi_1(x)\exp(-j\beta_1 z)$, $\varphi_2(x)\exp(-j\beta_2 z)$ はどのよう関数なのだろうか. 図 14.5 を見てほしい. 関数 $E_A(x)$ と $E_B(x)$ は伝搬モード関数である. $\varphi_1(x)$ と $\varphi_2(x)$ はそれを同位相と逆位相で足し合わせたものである. しかし, 図の見方を変えることで $\varphi_1(x)$ と $\varphi_2(x)$ は導波路 A, B を一体化した大きな導波路の基本モード $\varphi_1(x)\exp(-j\beta_1 z)$ と 1 次モード $\varphi_2(x)\exp(-j\beta_2 z)$ と考えることも可能である. このような考え方を**モード結合理論**という. 導波路 A, B の間隔が比較的広く, 完全に導波路として一体化していない場合に有効な考え方である. このように考えてみると, 13 章で述べたように伝搬定数 β には関係 $\beta_2 < \beta_1$ がある. z 方向に伝搬するに従い, 両者の位相差

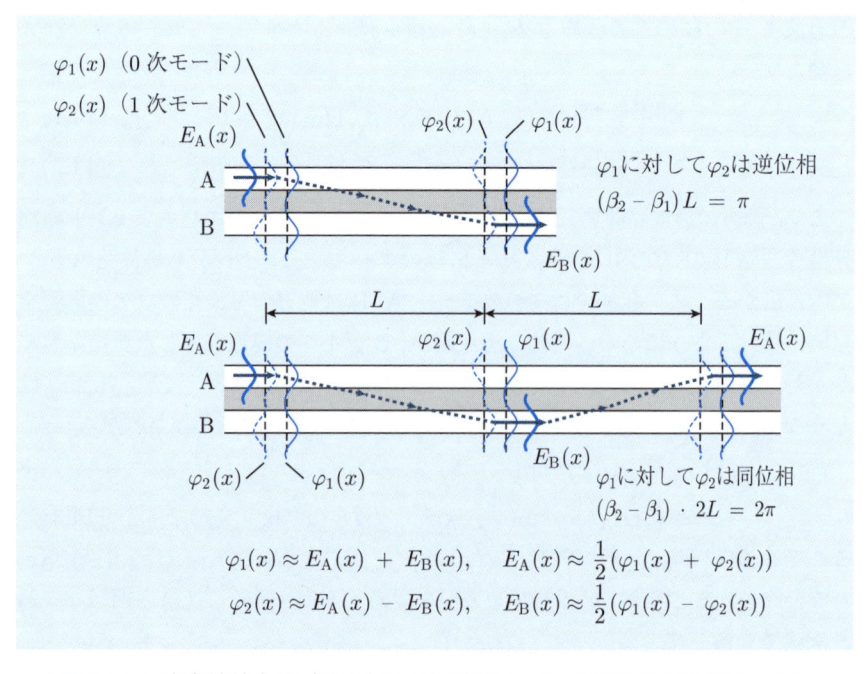

図 14.5 方向性結合器（結合部では導波路 **A, B** を伝搬する混成モードとも, 結合部全体の導波モードとも取ることができる. このような考え方をモード結合理論という）

14.2 方向性結合器

$$\Delta\beta z = (\beta_1 - \beta_2)z$$

は変化する．ここで，逆にこのモード関数

$$\varphi_1(x)\exp(-j\beta_1 z)$$

$$\varphi_2(x)\exp(-j\beta_2 z)$$

を用いて $E_A(x,z)$, $E_B(x,z)$ を表現してみる．

たとえば，導波路 A だけに入力光を入れる．すなわち，式 (14.6) で

$$B = 0$$

とすると，距離 L を伝搬後は

$$E_{\text{total}}(x, L) \cong \tfrac{A}{2}\bigl\{\varphi_1(x) + \varphi_2(x)\exp\bigl(-j(\beta_2 - \beta_1)L\bigr)\bigr\}\exp(-j\beta_1 L) \tag{14.7}$$

になる．

$$(\beta_2 - \beta_1)L = 2l\pi \quad (l \text{ は整数})$$

の場合には

$$\begin{aligned} E_{\text{total}}(x, L) &\cong \tfrac{A}{2}\bigl(\varphi_1(x) + \varphi_2(x)\bigr)\exp(-j\beta_1 L) \\ &= AE_A(x) \end{aligned} \tag{14.8}$$

になる．

$$(\beta_2 - \beta_1)L = 2l\pi + \pi \quad (l \text{ は整数})$$

の場合には

$$\begin{aligned} E_{\text{total}}(x, L) &\cong \tfrac{A}{2}\bigl(\varphi_1(x) - \varphi_2(x)\bigr)\exp(-j\beta_1 L) \\ &= AE_B(x) \end{aligned} \tag{14.9}$$

になる．これは $(\beta_2 - \beta_1)L$ の値により，導波路 A に入力した光が導波路 A から出力される場合もあり，導波路 B から出力される場合もあることを意味している．すなわち，$\beta_2 - \beta_1$ を変えることにより，出力導波路を切り替えることが可能である．通常は一方の導波路の屈折率を外部信号により変化させることで，$\beta_2 - \beta_1$ を変える．方向性結合器は導波路型スイッチとして動作する．

14.3 フォトニック結晶

1次元周期構造を考える．周期 d の回折格子に波長 λ の光波を入射した場合（図 14.6），入射角を θ_i，回折角を θ_d として，等位相面を考えると，入射光と回折光の間には次式が成り立つ．

$$d(\sin(\theta_d) - \sin(\theta_i)) = m\lambda \tag{14.10}$$

ただし，m は整数．これはブラッグ反射の条件である．この式を変形する．

$$\frac{2\pi}{\lambda}(\sin(\theta_d) - \sin(\theta_i)) = m\frac{2\pi}{d} \tag{14.11}$$

ここで，$\frac{2\pi}{d} = G, \frac{2\pi}{\lambda} = k$ と置くと

$$k\sin(\theta_d) - k\sin(\theta_i) = mG \tag{14.12}$$

になる．この関係式を3次元に拡張して考えてみる．入射光の空間周波数ベクトルを $\boldsymbol{k}_1$，回折光の空間周波数ベクトルを $\boldsymbol{k}_2$ と置き，回折格子に垂直な方向（回折格子の並んでいる方向）のベクトルを $\boldsymbol{G}$ と置くと式 (14.12) は次式で表せる．

$$\boldsymbol{k}_2 - \boldsymbol{k}_1 = m\boldsymbol{G} \tag{14.13}$$

ここで，$\boldsymbol{G}$ は回折格子の空間周波数ベクトルである．m は回折の次数を表す．この式にプランク定数 $\hbar$ を掛け，$\hbar\boldsymbol{k} = \boldsymbol{P}, \hbar\boldsymbol{G} = \boldsymbol{P}_G$ と置くと

$$\boldsymbol{P}_2 - \boldsymbol{P}_1 = m\boldsymbol{P}_G \tag{14.14}$$

すなわち，この式は光子と回折格子間の相互作用（衝突）の運動量保存則を意味する．

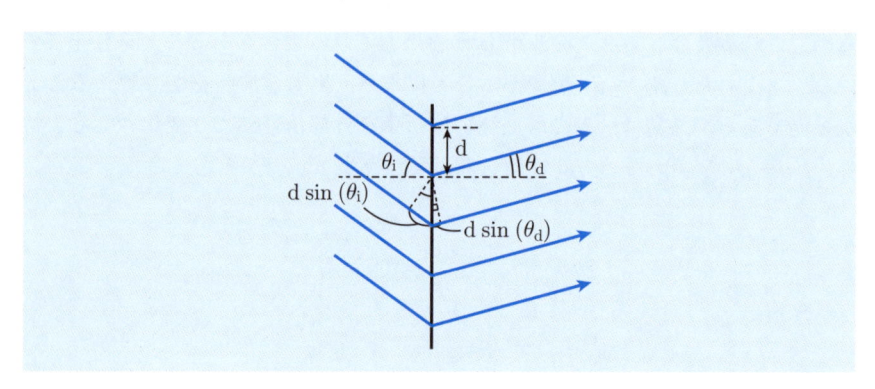

図 14.6　1次元回折格子による回折

14.3 フォトニック結晶

次にエネルギーを考える．光波のエネルギーは $E = \boldsymbol{v} \cdot \boldsymbol{P}$ で表される．ここで，$\boldsymbol{v}$ は媒質中の光速である．式 (14.14) に光速 $\boldsymbol{v}$ を掛けると

$$E_2 - E_1 = mE_G \tag{14.15}$$

になる．ところで，光波のエネルギー E，すなわち角周波数 $\omega = \frac{E}{\hbar}$ は回折の前後で変化しない．したがって

$$E_2 - E_1 = mE_G = 0 \tag{14.16}$$

が成り立つ．これらの関係式は，回折格子は運動量 $\boldsymbol{P}_G = \hbar \boldsymbol{G} \neq \boldsymbol{0}$ だが，エネルギー $E_G = \boldsymbol{v} \cdot \boldsymbol{P}_G = 0$ の性質を持つものとして扱えることを意味している．整数 m は正負が可能なことを考え合わせると以下のことがいえる．

> (1) 3次元回折格子はその周期で決まる運動量 $\boldsymbol{P}_G$ を持ち，その方向は3次元格子列に平行な方向である．また，正負両方の向きを持つ．
> (2) 3次元回折格子の運動量の整数倍（高次の運動量）もまた光波と相互作用する．
> (3) 3次元回折子の運動エネルギーはゼロである．

これが3次元回折格子を物理的に見た性質である．

さて，3章の波動で述べたが，誘電率をポテンシャルと読み替えると光波と電子波は類似性が高い．上記の回折格子，すなわち周期的屈折率構造を持つ媒質と周期的なポテンシャル構造を持つ結晶との類似性も高いことになる．このために周期的屈折率構造を持つ導波路は光にとっての結晶，すなわち**フォトニック結晶**と呼ばれる．

電子波はシュレーディンガーの波動方程式に従い，光波はマクスウェルの波動方程式に従う．両者の本質的な違いは，前者がスカラー方程式であるのに対し，後者はベクトル方程式である．また，電子は静止質量を持つが，光波（光子）は静止質量を持たない．電子波は結晶内に存在するが，光波は結晶構造と相互作用した後に容易に自由な空間に取り出すことが可能である．さらに，電子波の波長は 10 nm 程度であるが，光波は 1,000 nm と既存の加工技術を使うことが可能な大きさである．これらの点は豊富な知識蓄積のある結晶内電子の特性を利用することで光工学への新たな可能性を生み出す．たとえば

(a) 部分的に格子間隔 G を変化させることでプリズムのように光波の方向を変えることが可能である．
(b) この方向は光波の伝搬定数 β_i（$\frac{2\pi}{波長}$）によっても変化する．この性質は 2 次元方向への分光が可能であることを意味する．
(c) 物質の結晶構造は内部の電子波動関数の分散特性 k–E の関係を決める．同様にフォトニック結晶構造は回折される光波の分散特性 k–E の関係を決める．したがって，電子波の禁制帯に相当するストップバンドが光波でも存在する．電子波では周期構造に欠陥を挿入することで禁制帯内に不純物準位を形成するが，光波も同様にストップバンド内に光波が局在する不純物準位，すなわち，光波を結晶内にトラップ（**メモリ効果**）することが可能である．
(d) 回折格子の周期を変化させることでヘテロ結晶構造の形成も可能．

10 章で述べたように，励起双極子から光波を空間に放出する際に，空間内でこの光波が共鳴することはできない場合（存在できない場合）には光波は放出されない．したがって

(e) ストップバンド内の分散特性（ω–β 特性）を持つ光波は空間には放出されない．

しかし，このストップバンド内に欠陥を導入することで局在状態の共振モードを形成できる．これにより，励起双極子は光波をこの共振モードに放出することが可能になる．したがって，しきい値電流の低いレーザ発振が可能である．この場合，局在モードであるために結晶外部に光波を取り出すことはできない．

(f) この欠陥を直線上に導入し，形成される局在モードを互いに結合させて，欠陥バンドを形成することも可能である．この欠陥バンドは光導波路として機能する．励起双極子が放出した光波をこの光導波路に沿って結晶外部に取り出すことが可能になる（**図 14.7**）．すなわち**マイクロキャビティーレーザ**が形成できることを意味する．自然放出光が放出される空間の共振モードを限定するために発振効率の極めて高い，さらに変調特性の優れたレーザを形成できることが予測される．

14.3 フォトニック結晶　　　　173

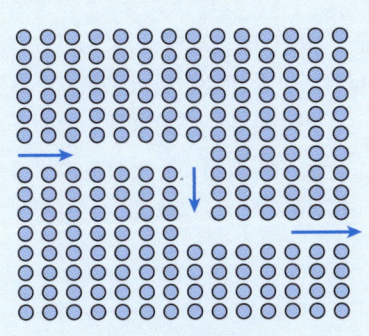

(1) 光導波路

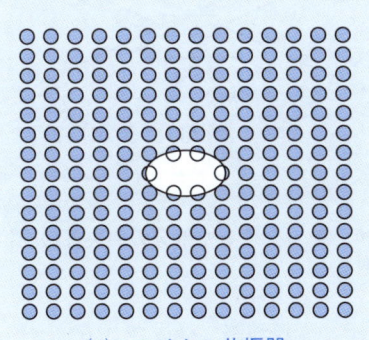

(2) マイクロ共振器

図 14.7 フォトニック結晶
(1) 光導波路（平板導波路に規則的な穴を開けると，2次元フォトニック結晶が形成できる．この結晶に連続的に欠陥を導入することで，欠陥部分が光導波路になる．また，見方を変えると従来からある回折格子の2次元版と見ることもできる）
(2) マイクロ共振器（フォトニック結晶中に欠陥を導入することで光波を捕獲する）

14.4 光スイッチ

図 14.8〜図 14.10 に模式図を示す光スイッチについて説明する.

(1) 交差型光スイッチ 2 本の光導波路を小さな交差角で交差させる（図 14.8）．この交差部分の屈折率を電界印加，もしくはキャリア注入により変化させ，屈折率に差を付ける．わずかな屈折率差ではあるが，交差角を小さくすると導波路を伝搬してきた光波を全反射させ，他の導波路に移すことが可能である．この現象はもう一方の導波路でも生じるはずであるから，このスイッチは 2 入力×2 出力非閉塞光スイッチである．

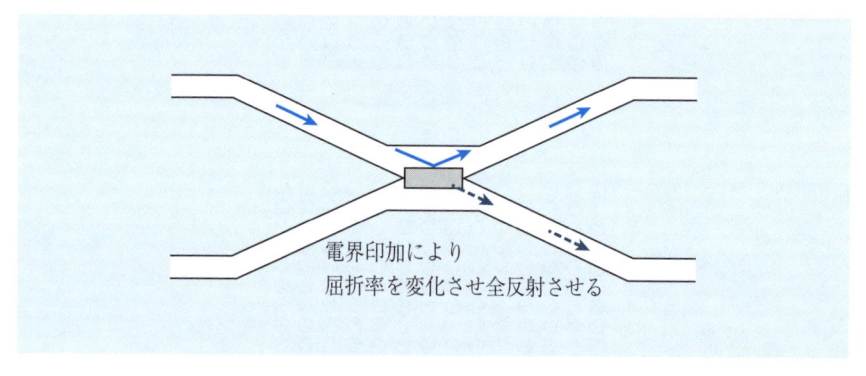

図 14.8　交差型スイッチ（交差した部分の中央部の屈折率を変化させることで全反射させる）

(2) 干渉計型光スイッチ　光導波路で構成されるマッハ–ツェンダー干渉計が用いられる（図 14.9）．分岐素子で 2 分岐した後，それぞれの異なる導波路を伝搬させた後に合波させる．この導波路を伝搬する間に光波の位相を π 変化させることで，合波光は消し合うことになる．この位相変化は導波の屈折率を外部電界，キャリア注入，外部光などにより変化させることで行う．すなわち，位相変化がない場合には光波はそのまま出力され（ON），位相が π 変化すると出力されない（OFF）．

実はこれだと光スイッチとしての広い応用は望めない．光スイッチとして使うには，位相変化時にその導波路に出力させるか，他方の導波路に出力させるかの切り替えを行わせる必要がある．光分岐，光合波部に通常の分岐素子を用

いた場合，この動作を行わせることはできない．出力導波路の切り替えるには，位相差 $\frac{\pi}{2}$ で同じ大きさに分岐することが必要になる．この位相差 $\frac{\pi}{2}$ の分岐を行うために前述の方向性結合器を用いる．平行に並べる導波路長を結合長 L_c の $\frac{1}{2}$ にすることで，位相差 $\frac{\pi}{2}$ の光分岐を行う．合波部も同様に位相差が $\frac{\pi}{2}$ になるように合波する．このようにすると導波路間の光波の切り替えが可能になる．

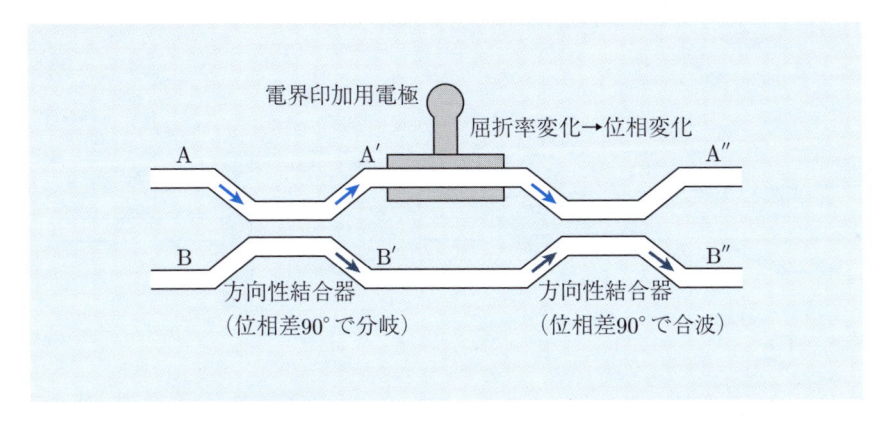

図 14.9 干渉型スイッチ（マッハ–ツェンダー干渉計と異なるのはハーフミラーが π の位相差で分岐するのに対して，方向性結合器を用いて $\frac{\pi}{2}$ の位相差で分岐している）

(3) 半導体光増幅器（SOA）型光スッチ 光波を増幅する利得媒質を光共振器内に入れるとレーザを形成できる．この利得媒質は励起しない状態では光を吸収し，励起を強くするとやがて透明になり，光を増幅するようになる．利得媒質に化合物半導体を用いた場合，励起の方法には pn 接合を形成し，キャリア注入を行い，反転分布を形成する方法と光を照射し，光吸収によりキャリアを形成する方法がある．

このような素子を光吸収状態にする．パルス状の励起電流を流すと，導波路を透明もしくは利得導波路に変化させることが可能である（**図 14.10**）．すなわち，電流パルスで光回路を ON にできる．これは電子回路のゲートに相当する動作である．電流パルスを光パルスに変えても同様の機能を示す．このような素子を **SOR ゲート** という．

SOR ゲートは以下のような使い方もできる．励起光を照射する．励起光レベルは透明になるよりもわずかに低くする．したがって，光は出力されない．こ

こに光信号を加える．これにより媒質を透明，もしくは利得を持たせるようにする．こうすると，励起光は利得媒質を通過して出力され得るようになる．すなわち，微小な光信号のオンオフにより励起光をオンオフできる．たとえば，波長 λ_j の励起光を用いる．信号光の波長を λ_i とする．この場合，波長 λ_i の光パルスは波長 λ_j の光パルスに変換され出力されることになる．このように用いることで光パルスの**波長変換**が可能になる．

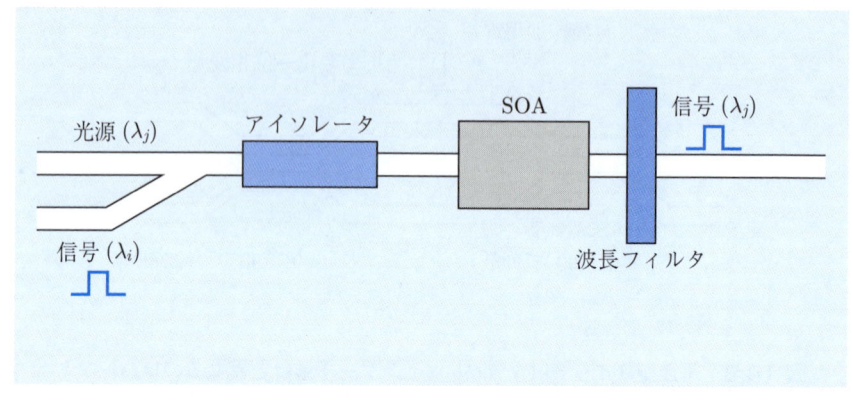

図 14.10　**SOA** 型スイッチ

14章の問題

□ **14.1** 1次元回折格子を持つ平板導波路において，平板導波路内の光波の伝搬ベクトルを β_i とする．回折光の導波路方向の伝搬ベクトルを β_d，回折格子の空間周波数ベクトルを G とする．さらに，導波路内の等価屈折率を n_{eff} とする．また，回折の前後で光波の角周波数 ω は変化しないものとする（弾性散乱）．基板（下側のクラッディング）の屈折率を n_{sub} とする．一方，表面側（上側のクラッディング）の屈折率を n_0 とする．回折光の空間周波数ベクトルを k_d として，これが平板導波路の垂線となす角度を θ_d とする．

(1) 表面側に回折光が放出される条件を示しなさい．裏面からの回折光の空間周波数ベクトルを k_{sub} とし，これが平板導波路の垂線となす角度を θ_{sub} とする

(2) 基板側に回折光が放出される条件を示しなさい．

□ **14.2** 干渉型光スイッチを形成するためには分岐部および合波部には方向性結合器を用い，位相差 $\frac{\pi}{2}$ で分岐する必要がある．

(1) 位相差 $\frac{\pi}{2}$ で分岐することで出力側導波路を切り替えることが可能なことを示しなさい．

(2) 方向性結合器をどのように用いると位相差 $\frac{\pi}{2}$ で分岐できるかを述べなさい．

問題解答

2章

■**2.1** 式 (2.9) から式 (2.11) までを参照.

■**2.2** 有効質量.

■**2.3**

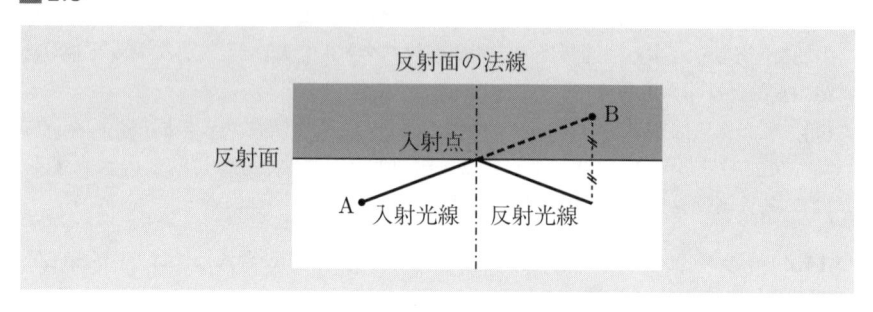

図 1 鏡面で反射した光線の作図

■**2.4** ベクトルの勾配の定義式から
$$d\phi = \mathrm{grad}(\phi) \cdot d\boldsymbol{r}$$
一方, 平面波の空間位相は $\phi = \boldsymbol{k}\cdot\boldsymbol{r}$ と表される. したがって
$$\boldsymbol{k} = \mathrm{grad}(\phi)$$

3章

■**3.1** 図 3.1 において, 遅延装置の距離 L を変化させることで遅延時間 τ を
$$\tau = \frac{2L}{c}$$
に変化させることが可能である. L を変化させ, 干渉縞が観測できなくなる点を求め, 遅延時間 τ を求める.

■**3.2** $N = \frac{a^2}{\lambda z} = \frac{(0.1\times 10^{-3})^2}{1\times 10^{-6}\times 10^{-1}} = 0.1$

■**3.3** 式 (3.23) より, 光強度分布 $I(x', y')$ は
$$\begin{aligned}
I(x', y') &\propto \left|\boldsymbol{E}_{\mathrm{total}}(x', y')\right|^2 \\
&\cong \frac{E_0^2}{(\lambda z)^2}\left|\int_{-a}^{a}\exp\!\left(j2\pi\frac{x'x}{\lambda z}\right)dx\int_{-a}^{a}\exp\!\left(j2\pi\frac{y'y}{\lambda z}\right)dy\right|^2 \\
&= \frac{(E_0\lambda z)^2}{\pi^4}\frac{1}{x'^2}\sin^2\!\left(2\pi\frac{ax'}{\lambda z}\right)\frac{1}{y'^2}\sin^2\!\left(2\pi\frac{ay'}{\lambda z}\right)
\end{aligned}$$
ただし, a は小穴の一辺の長さ, z はスリットと衝立の距離, λ は波長とした.

問 題 解 答　　179

4章

■**4.1** 式 (4.3) から式 (4.10) を参照.

■**4.2** スネルの式 (4.10) より
$$1.5\sin 30° = 3.5\sin(x)$$
したがって，$x = 12.4°$.

■**4.3** 式 (4.18) より
$$R = \left|\frac{1.5-3.5}{1.5+3.5}\right|^2 = 0.16$$
式 (4.19) より
$$T = 1 - R = 0.84$$

■**4.4** $1\,[\text{GPa}] = 1\times 10^6\,[\text{N}\cdot\text{m}^{-2}]$，$1\,[\text{g}\cdot\text{cm}^{-2}] = 1\times 10\,[\text{kg}\cdot\text{m}^{-2}]$ を考慮して，ステンレスの音速は
$$v = \sqrt{\frac{199.14\times 10^6}{7.90\times 10}} = 1.59\times 10^3\,[\text{m}\cdot\text{s}^{-1}]$$
鉄の音速は
$$v = \sqrt{\frac{192.08\times 10^6}{7.87\times 10}} = 1.56\times 10^3\,[\text{m}\cdot\text{s}^{-1}]$$

■**4.5** $R = \left|\frac{1.59-1.56}{1.59+1.56}\right|^2 = 9\times 10^{-5}$

5章

■**5.1** 式 (5.17)，式 (5.19) より
$$\boldsymbol{S} = \boldsymbol{E}_0\times \boldsymbol{H}_0 = \frac{1}{\omega^2\varepsilon_0\mu_0}(\boldsymbol{k}\times \boldsymbol{H}_0)\times(\boldsymbol{k}\times \boldsymbol{E}_0)$$
ここで，ベクトル恒等式
$$\boldsymbol{A}\times(\boldsymbol{B}\times \boldsymbol{C}) \equiv \boldsymbol{B}(\boldsymbol{A}\cdot \boldsymbol{C}) - \boldsymbol{C}(\boldsymbol{A}\cdot \boldsymbol{B})$$
が成り立つことから
$$(\boldsymbol{k}\times \boldsymbol{H}_0)\times(\boldsymbol{k}\times \boldsymbol{E}_0) = \boldsymbol{k}\cdot\{(\boldsymbol{k}\times \boldsymbol{H}_0)\cdot \boldsymbol{E}_0\} - \boldsymbol{E}_0\cdot\{(\boldsymbol{k}\times \boldsymbol{H}_0)\cdot \boldsymbol{k}\}$$
$$= \boldsymbol{k}\cdot\{\boxed{(\boldsymbol{k}\times \boldsymbol{H}_0)\cdot \boldsymbol{E}_0}\}$$
ここで { ▒▒▒▒▒ } 内はスカラーになることからポインティングベクトル $\boldsymbol{S}$ の方向は $\boldsymbol{k}$ に一致する.

■**5.2** 式 (5.1) で $\boldsymbol{i} = \sigma\boldsymbol{E}$，$\boldsymbol{E}_0 = \boldsymbol{E}_0\exp(j\omega t)$ と置くと次式が得られる.
$$\nabla\times H = j\omega\varepsilon\boldsymbol{E}_0\exp(j\omega t) + \sigma\boldsymbol{E}_0\exp(j\omega t)$$
さて，磁界は電界からどのように形成されるのか．この式からは電界に $j\omega\varepsilon$ を掛けた項，もしくは σ を掛けた項から形成されるのがわかる．磁界が変位電流により形成される場合は第 1 項が主要項になる場合であり，電流が流れる必要があるのは第 2 項が主要項になる場合である．したがって，$j\omega\varepsilon$ と σ の大小関係で決まることになる．角周波数 ω が小さい場合には電流項が主要項になる．すなわち電線が必要になる.

5.3

$$\nabla \cdot S = \nabla \cdot (E \times H) = H \cdot \nabla \times E - E \cdot \nabla \times H$$

ここに，式 (5.1)，式 (5.2) を代入すると

$$H \cdot \nabla \times E - E \cdot \nabla \times H = -H \cdot \frac{\partial B}{\partial t} - E \cdot \frac{\partial D}{\partial t}$$
$$= -\frac{\partial}{\partial t}\left(\frac{1}{2}\varepsilon E^2 + \frac{1}{2}\mu H^2\right)$$
$$= -\frac{\partial U}{\partial t}$$

となる．これらより $\frac{\partial U}{\partial t} = -\nabla \cdot S$ は成り立つ．

6章

■**6.1** 境界での反射係数は式 (6.30) で与えられる．この式で $\theta_\mathrm{i} = \theta_\mathrm{t}$ の垂直入射の場合，n_1 と n_2 の大小関係により正負の符号が異なる．これは位相が π 変化することを意味する．振動の場合，開放端と固定端で反射波の位相が変わる．開放端では位相は π 変化し，固定端では変化しない．光波では屈折率の大きい物質から小さな物資に入射した場合には固定端，小さい物質から大きな物質に入射させた場合は開放端とみなされることがわかる．

■**6.2** 屈折率の大きな物質から小さな物質への入射光の反射と，屈折率の小さな物質から大きな物質への入射光の反射が交互に起こる．境界間を往復する際の位相変化が π の奇数倍の場合のときには両境界からの反射波の位相は揃い，π の偶数倍のときには反射波の位相は π 異なる．したがって，反射率を低減するには，境界間の往復で位相変化が π の偶数倍変化するように膜厚を決めればよい．

$$n\frac{2\pi}{\lambda}d = 2m\pi$$

ただし，m は整数である．したがって

$$d = \frac{\lambda}{n}m = \frac{500}{1.4}m = 357.1m$$

になる．たとえば $m = 1$ の場合，$d = 357.1$ [nm] である．このときの反射率 R は式 (6.31) から

$$R = \left|\frac{E_\mathrm{r}}{E_\mathrm{i}}\right|^2 = \left|\frac{\frac{1-n_1}{1+n_1}+\left\{\left(\frac{2}{n_1+1}\right)^2-\left(\frac{n_1-1}{n_1+1}\right)^2\right\}\frac{n_1-n_2}{n_1+n_2}\exp\left(j\frac{4\pi n_1 d}{\lambda}\right)}{1-\left\{\left(\frac{n_1-1}{n_1+1}\right)\left(\frac{n_1-n_2}{n_1+n_2}\right)\exp\left(j\frac{4\pi n_1 d}{\lambda}\right)\right\}}\right|^2$$

$$= \left|\frac{\frac{1-n_1}{1+n_1}+\left\{\left(\frac{2}{n_1+1}\right)^2-\left(\frac{n_1-1}{n_1+1}\right)^2\right\}\frac{n_1-n_2}{n_1+n_2}}{1-\left\{\left(\frac{n_1-1}{n_1+1}\right)\left(\frac{n_1-n_2}{n_1+n_2}\right)\right\}}\right|^2 = \left|\frac{2n_2-n_1 n_2-n_1}{n_1(n_1+n_2)}\right|^2$$

$$= \left|\frac{2\times 1.7-1.4\times 1.7-1.4^2}{1.4\times(1.4+1.7)}\right|^2 = 0.048$$

■ **6.3** 物質1においては，電界 $\boldsymbol{E}_{\|1}$ は入射光の反射面に平行な成分 $E_i^p \cos(\theta_i)$ と反射光の反射面に平行な成分 $H_r^p \cos(\theta_r)$ の差となる．

$$E_{\|1} = E_i^p \cos(\theta_i) - E_r^p \cos(\theta_r)$$

垂直方向の電束密度 $D_{\perp 1}$ は両者の垂直な成分の和となる．

$$D = \varepsilon_1 E_i^p \sin(\theta_i) + \varepsilon_1 E_r^p \sin(\theta_r)$$

磁界 H_1 は反射面に平行であるから，入射光の磁界 H_i^p と反射光の磁界 H_r^p の和となる．

$$H_1 = H_i^p + H_r^p$$

物質2においては，屈折光の磁界の反射面に平行な成分 $H_{\|2}$ は次式になる．

$$H_{\|2} = H_t^p \cos(\theta_t)$$

電界の反射面に平行な成分 $E_{\|2}$ は次式になる．

$$E_{\|2} = E_t^p \cos(\theta_t)$$

また電束密度の反射面に垂直な成分 $D_{\perp 2}$ は次式になる．

$$D_{\perp 2} = \varepsilon_2 E_t^p \sin(\theta_t)$$

したがって，これら電界，磁界の間には次式の関係が成り立つ．

$$H_1 = H_2: \quad H_i^p + H_r^p = H_t^p$$

$$E_{\|1} = E_{\|2}: \quad E_i^p \cos(\theta_i) - E_r^p \cos(\theta_r) = E_t^p \cos(\theta_t)$$

$$D_{\perp 1} = D_{\perp 2}: \varepsilon_1 E_i^p \sin(\theta_i) + \varepsilon_1 E_r^p \sin(\theta_r) = \varepsilon_2 E_t^p \sin(\theta_t)$$

一方，$\theta_i = \theta_r$ の関係と特性インピーダンス Z_1, Z_2 を用いるとこれらの式は次式になる．

$$\frac{E_i^p}{Z_1} + \frac{E_r^p}{Z_1} = \frac{E_t^p}{Z_2} \qquad ①$$

$$(E_i^p - E_r^p)\cos(\theta_i) = E_t^p \cos(\theta_t) \qquad ②$$

$$\varepsilon_1(E_i^p + E_r^p)\sin(\theta_i) = \varepsilon_2 E_t^p \sin(\theta_t) \qquad ③$$

この3式より以下の関係が導かれる．式① $\times \cos(\theta_t) - \frac{式②}{Z_2}$ より

$$(E_i^p + E_r^p)\frac{\cos(\theta_t)}{Z_1} = (E_i^p - E_r^p)\frac{\cos(\theta_i)}{Z_2} \qquad ④$$

式① $\times \varepsilon_2 \sin(\theta_i) - \frac{式③}{Z_2}$ より

$$(E_i^p + E_r^p)\frac{\varepsilon_2 \sin(\theta_t)}{Z_1} = (E_i^p + E_r^p)\frac{\varepsilon_1 \sin(\theta_i)}{Z_2} \qquad ⑤$$

式⑤から

$$\frac{\varepsilon_2 \sin(\theta_t)}{Z_1} = \frac{\varepsilon_1 \sin(\theta_i)}{Z_2} \implies n_1 \sin(\theta_i) = n_2 \sin(\theta_t)$$

スネルの式が導出できる．式④から

$$E_r^p \left(\frac{\cos(\theta_i)}{Z_1} + \frac{\cos(\theta_t)}{Z_2}\right) = E_i^p \left(\frac{\cos(\theta_t)}{Z_2} - \frac{\cos(\theta_i)}{Z_1}\right)$$

したがって，入射光と反射光の電界の比（反射係数 r_p）は

$$r_\mathrm{p} = \frac{E_\mathrm{r}^\mathrm{p}}{E_\mathrm{i}^\mathrm{p}} = \frac{\frac{\cos(\theta_\mathrm{i})}{Z_2} - \frac{\cos(\theta_\mathrm{t})}{Z_1}}{\frac{\cos(\theta_\mathrm{i})}{Z_2} + \frac{\cos(\theta_\mathrm{t})}{Z_1}} = \frac{n_2 \cos(\theta_\mathrm{i}) - n_1 \cos(\theta_\mathrm{t})}{n_2 \cos(\theta_\mathrm{i}) + n_1 \cos(\theta_\mathrm{t})}$$

光パワーの反射率 R_p は

$$R_\mathrm{p} = |r_\mathrm{p}|^2 = \frac{(n_2 \cos(\theta_\mathrm{i}) - n_1 \cos(\theta_\mathrm{t}))^2}{(n_2 \cos(\theta_\mathrm{i}) + n_1 \cos(\theta_\mathrm{t}))^2}$$

7章

■ **7.1** 式 (7.16) よりレンズの直径 D は

$$D = \frac{f}{F} = \frac{50}{10} = 5\ [\mathrm{cm}]$$

式 (7.6) より曲率半径 R は

$$R = 2f(n-1) = 2 \times 50 \times (1.46 - 1) = 46\ [\mathrm{cm}]$$

■ **7.2** 式 (7.21) より $X = \frac{f_0}{f_\mathrm{e}}$．したがって

$$f_\mathrm{e} = \frac{f_0}{X} = \frac{50}{100} = 0.5\ [\mathrm{cm}]$$

■ **7.3** 式 (7.24) より

$$\frac{r_m^2}{f} = 2mp\lambda$$

したがって，$p = 1$ とすると

$$r_m = \sqrt{2mp\lambda f} = \sqrt{2 \times 1 \times 10^{-6} \times 10^{-2} \times m} = \sqrt{2m} \times 10^{-1}\ [\mathrm{mm}]$$

ただし，m は整数．平方根内の m を $1, 2, 3, \ldots$ としたときの r_m で円を描き，交互に濃淡を付けた構造．

■ **7.4** 省略

8章

■ **8.1** $\frac{\varepsilon_\mathrm{r}-1}{\varepsilon_\mathrm{r}+2} =$ 空気の割合 $\times \left.\frac{\varepsilon_\mathrm{r}-1}{\varepsilon_\mathrm{r}+2}\right|_{空気} +$ 二酸化炭素の割合 $\times \left.\frac{\varepsilon_\mathrm{r}-1}{\varepsilon_\mathrm{r}+2}\right|_{二酸化炭素}$

$\left.\frac{\varepsilon_\mathrm{r}-1}{\varepsilon_\mathrm{r}+2}\right|_{空気} = \frac{1.000294^2 - 1}{1.000294^2 + 2} = 0.00019603$

$\left.\frac{\varepsilon_\mathrm{r}-1}{\varepsilon_\mathrm{r}+2}\right|_{二酸化炭素} = \frac{1.000449^2 - 1}{1.000449^2 + 2} = 0.00029940$

したがって

$$\frac{\varepsilon_\mathrm{r}-1}{\varepsilon_\mathrm{r}+2} = 0.7 \times 0.00019603 + 0.3 \times 0.00029940 = 0.00022704$$

よって，$n = \sqrt{\varepsilon_\mathrm{r}} = 1.000340$．

■ **8.2** 式 (8.30) より

$$0.9 = \alpha \times 1\ [\mathrm{cm}]$$

したがって，$\alpha = 0.9\ [\mathrm{cm}^{-1}]$．より正確には，式 (8.29) の微分方程式を解くと

$$P_w(z) = P_w(0) \exp(-\alpha d)$$

ここで，$P_w(0) = 1, P_w(1) = 0.1, d = 1$ を代入すると $\alpha = 0.95\ [\mathrm{cm}^{-1}]$．

9章

9.1
常光線の光路長 L_O は
$$L_\mathrm{O} = 1.54425 \times 1 \times 10^{-3} \ [\mathrm{m}]$$
異常光線の光路長 L_E は
$$L_\mathrm{E} = 1.55336 \times 1 \times 10^{-3} \ [\mathrm{m}]$$
である．したがって，光路差 ΔL は
$$\Delta L = L_\mathrm{E} - L_\mathrm{O} = 9.11 \times 10^{-6} \ [\mathrm{m}]$$
位相差 $\Delta\phi$ は
$$\Delta\phi = \frac{\Delta L}{\lambda} = \frac{9.11 \times 10^{-6}}{0.58 \times 10^{-6}} = 15.7 \ [\mathrm{rad}]$$

9.2 省略

10章

10.1
全プロセスで
$$E_\mathrm{e} - E_\mathrm{g} = E_\mathrm{ph}$$
$$P_\mathrm{e} - P_\mathrm{g} = P_\mathrm{ph}$$

10.2
式 (10.21) より
$$A(\omega) = \exp(g(\omega)L)$$
$$= \exp(0.1 \times 30) = 20.1$$

10.3 省略

11章

11.1

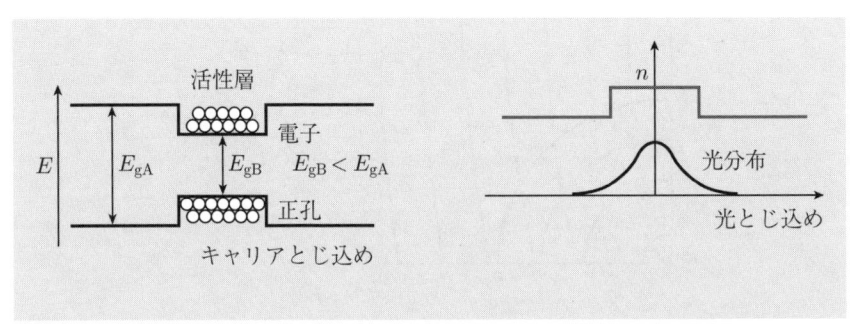

図2　ダブルヘテロ構造のバンド図と屈折率分布（キャリア閉じ込めと，光閉じ込めが生じる．禁制帯幅の狭い半導体の屈折率が大きいのはクラマース–クロニッヒの関係による）

■ **11.2** 式 (11.13) より
$$g > \frac{1}{2L} \log_e \left(\frac{1}{R_A R_B}\right) + \alpha = \frac{1}{300 \times 10^{-4}} \log_e \left(\frac{1}{R}\right) + 10$$
ここで
$$R_A = R_B = R = \left(\frac{3.5-1}{3.5+1}\right)^2 \cong 0.31$$
したがって $g > 27 \, [\text{cm}^{-1}]$.

■ **11.3** ヒント：寿命が長い，効率が高い，直接変調が可能，小型軽量.

12章

■ **12.1** ヒント：フォトダイオード，pin フォトダイオード，アバランシェフォトダイオードの構造図を調べること.

■ **12.2** 電流–電圧特性で電圧・電流ともに負の第3象限で用いるのがフォトダイオードであり，電圧が正，電流が負の第4象限で用いるのが太陽電池である.
　電源内での電流の向きは負極から正極に流れる．一方，抵抗内の電流の向きは正極から負極に流れる．前者の電源特性は第4象限，後者の抵抗特性は第1，第3象限．したがって，第4象限での電流–電圧特性を持つ素子からは電力が取り出せる.

13章

■ **13.1** 図3中に $Y = X\tan(X)$ および $Y = -X\cot(X)$ を示す．$V^2 = X^2 + Y^2$ は図中の円弧で示してある．解はこの両者の交点である．V が大きくなるに従い，交点の数（解）は増加する．$V < \frac{\pi}{2}$ のとき解は1個であり，$\frac{\pi}{2} < V < \pi$ のとき解は2個になる.

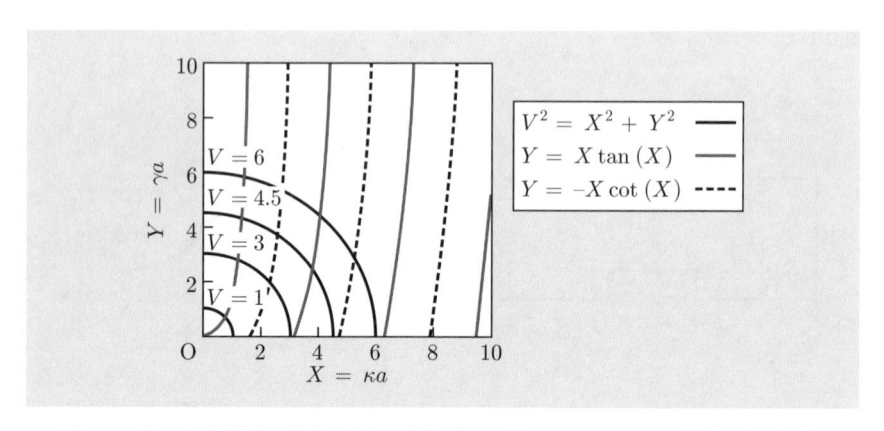

図3　固有値方程式の解法（超越方程式の解法．図13.3 の計算方法と比較すること）

問題解答   185

■ **13.2**

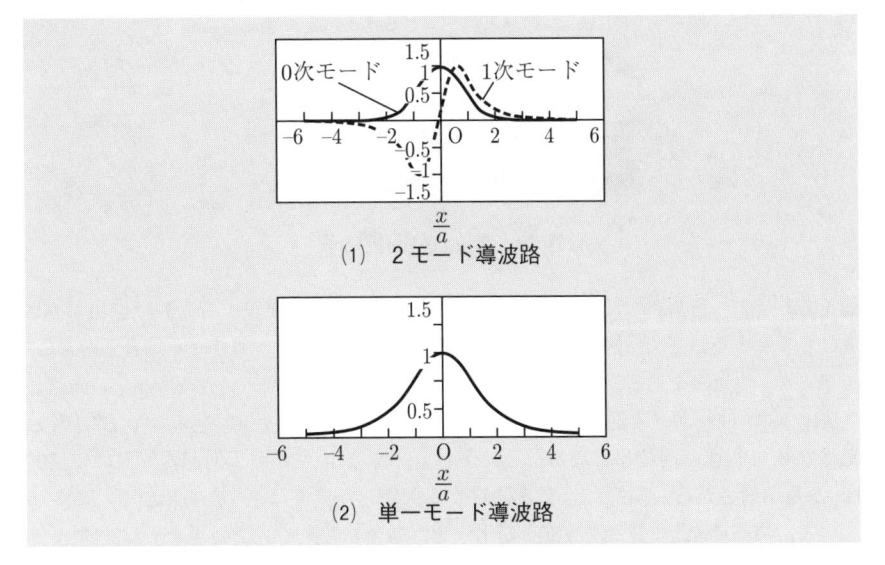

図4 伝搬モード関数（単一モードと2モード伝搬可能な導波路について示してある）

(1) 2モード導波路

(2) 単一モード導波路

■ **13.3** 平板導波路の単一モード条件は問 13.1 の解に示すように, $V < \frac{\pi}{2}$ である. 一方,【例題 13.2】の解より

$$V = 2a\frac{\pi}{\lambda}\sqrt{n_1^2 - n_2^2}$$

したがって, $a < \frac{\lambda}{4\sqrt{n_1^2 - n_2^2}} = \frac{1.5}{4\sqrt{3.5^2 - 3.3^2}} = 0.322\,[\mu\mathrm{m}]$ のときに単一モード導波路となる.

14章

■ **14.1** (1) 図5から $|\bm{k}_\mathrm{d}|\sin(\theta_\mathrm{d}) = \beta_\mathrm{i} - mn_\mathrm{eff}G$ が成り立つ. ただし, $m = 0, \pm 1, \pm 2, \ldots$ とする. したがって

$$\sin(\theta_\mathrm{d}) = \frac{\beta_\mathrm{i} - mn_\mathrm{eff}G}{|\bm{k}_\mathrm{d}|} = \frac{n_\mathrm{eff}}{n_0}\left(1 - m\frac{n_0|G|}{|\bm{k}_\mathrm{d}|}\right)$$

回折光が放射されるためには $|\sin(\theta_\mathrm{d})| \leq 1$ が成り立つことが必要である. すなわち

$$-1 \leq \frac{n_\mathrm{eff}}{n_0}\left(1 - m\frac{n_0|G|}{|\bm{k}_\mathrm{d}|}\right) \leq 1 \quad (\text{ただし, } m = 0, \pm 1, \pm 2, \ldots)$$

(2) 同様に基板側では $\sin(\theta_\mathrm{sub}) = \frac{n_\mathrm{eff}}{n_\mathrm{sub}}\left(1 - m\frac{n_\mathrm{sub}|G|}{|\bm{k}_\mathrm{d}|}\right)$ より

$$-1 \leq \frac{n_\mathrm{eff}}{n_\mathrm{sub}}\left(1 - m\frac{n_\mathrm{sub}|G|}{|\bm{k}_\mathrm{d}|}\right) \leq 1 \quad (\text{ただし, } m = 0, \pm 1, \pm 2, \ldots)$$

が必要条件になる.

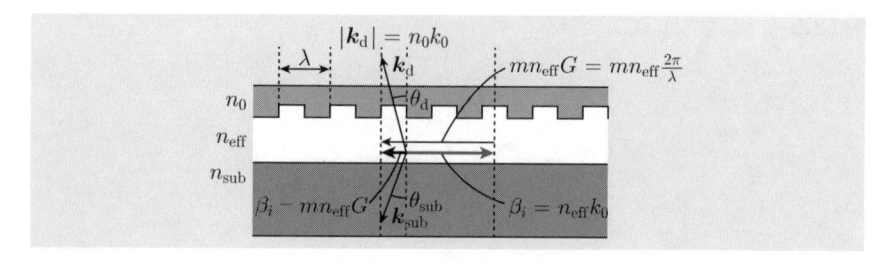

図 5 導波路型回折格子

■**14.2** (1) 分岐部でそのまま通り抜ける光波を基準に交差する光波は位相が 90°進むものとする．さて，**図 14.8** で，A の導波路から光波を入射させる場合を考える．A–A′–A″ の光路を通る光波の分岐による位相変化は 0° となり，A–B′–A″ の光路の光波は 180° 位相が進み逆位相になる．A–A′–B″ の光路では 90° 進み，A–B′–B″ の光路でも 90° 進み同位相になる．したがって，導波路 A から入射した光波は導波路 B″ から出射される．同様に，導波路 B から入射した光波は A″ から出射される．

いま，導波路 A′ で位相を 180° 変化させた場合を考える．この場合，導波路 A から入射した光波が光路 A–A′–A″ を通った場合，A′ 導波路で 180° 位相を変化させられる．一方，A–B′–A″ の光路を通った場合，分岐部で 180° 位相を変化させられる．したがって，両者は同位相になる．この場合，光波は導波路 A″ から放出される．一方，導波路 B から入射した光波は B″ から出射される．

(2) 式 (14.6) で $a = b$ とする．いま，L を
$$(\beta_2 - \beta_1)L = \frac{\pi}{2}$$
となるように決める．
$$E_{\text{total}}(x,z) = a \exp\left(-j\beta_1 L - j\tfrac{\pi}{4}\right)$$
$$\times \left(\varphi_1(x) \exp\left(j\tfrac{\pi}{4}\right) + \varphi_2(x) \exp\left(-j\tfrac{\pi}{4}\right)\right)$$
ここに式 (14.4)，式 (14.5) を代入すると
$$E_{\text{total}}(x,z) = a \exp\left(-j\beta_1 L - j\tfrac{\pi}{4}\right) \left\{ E_A(x)\left(\exp\left(j\tfrac{\pi}{4}\right) + \exp\left(-j\tfrac{\pi}{4}\right)\right) \right.$$
$$\left. + E_B(x)\left(\exp\left(j\tfrac{\pi}{4}\right) - \exp\left(-j\tfrac{\pi}{4}\right)\right)\right\}$$
$$= 2a \exp\left(-j\beta_1 L - j\tfrac{\pi}{4}\right)\left(E_A(x)\cos\left(\tfrac{\pi}{4}\right) + jE_B(x)\sin\left(j\tfrac{\pi}{4}\right)\right)$$
$$= \sqrt{2}\,a \exp\left(-j\beta_1 L - j\tfrac{\pi}{4}\right)\left(E_A(x) + jE_B(x)\right)$$
これから導波路 A と B とでは位相が 90° 異なり，大きさは等しくなることがわかる．

索　引

あ　行

アイコナール　17
アイコナール方程式　17
アインシュタインの A 係数　116
アインシュタインの B 係数　116
アドドロップ　167
アバランシェフォトダイオード　145
アレイ導波路素子　165
アンチストークスラマン散乱　107
暗電流　144

イオン分極　97
異常光線　104
位相　12
位相条件　128
位相整合　109
位相整合条件　107
位相速度　16
一軸結晶　104
一巡利得　124

右円偏光　57
薄肉レンズ　74
運動量緩和　89, 118
運動量緩和時間　89

エネルギー緩和　118
エバネッセント領域　154
エピタキシャル成長　135
エリプソメトリー　99

か　行

カー効果　107
開口数　150
回折効果　4
回折格子　167
ガウスビーム波　148
化学気相堆積法　159
可逆性　74
角周波数　12
角度倍率　77
可視光通信　9
価電子帯　132
干渉　29
干渉効果　4
干渉時間　30
干渉長　30
干渉パターン　4
間接遷移型半導体　134

規格化周波数　157
規格化伝搬定数　157
規格化導波路幅　157
奇モード　154
吸収係数　93
吸収損失　128
球面収差　78
球面波　14
虚像　80
金黒　142
近軸光線　74

空間位相　12
空間周波数　12
空間周波数ベクトル　12
グース–ヘンシェンシフト　64

偶モード　154
屈折角　58
屈折率　4, 7, 36
屈折率分散　161
クラウジウス–モソッティの公式　90
クラッディング　149
群速度　19

ゲージ変換　48
結像の式　76
顕微鏡　80

コア　149
光子　112
構造係数　52
構造分散　161
光速　46
光電効果　143
光電子増倍管　143
光導電効果　144
合波　164
光波混合　106
光路長　73
コーシー分散モデル　98
コネクタ　160
コヒーレンス　27
コマ収差　78
固有値方程式　155

さ　行

最大受光角　150
ザイデルの5収差　77
左円偏光　57
サジタル光線　78

索　引

さ行
サジタル面　78
雑音指数　119, 139
散乱光　5

時間位相　12
色素レーザ　131
子午光線　78
自己相関関数　27
自然放出　117
自然放出光　119
実像　80
自由電子　132
シュレーディンガーの波動
　　方程式　21
常光線　104
消衰係数　92
焦点距離　74
シンチレータ　144

スネルの式　38
スプライス　160
スペックル　4
スポットサイズ　148

正孔　132
静電誘導雑音　49
接眼レンズ　80
接合容量　145
接続損失　160
線形関数　26
線形比電気感受率　106
全反射　64

相互相関関数　27
像面歪　78
像面湾曲　78
ゾーンプレート　83
側波帯　160

た行
ダイノード　143

対物レンズ　80
太陽電池　4
楕円偏光　57
脱励起　117
縦緩和　118
縦波　46
縦倍率　77
ダブルヘテロ構造　134
多モード導波路　155
単一モード導波路　155

遅延時間　160
直接遷移型半導体　134
直線偏光　56

点光源　14
電気双極子モーメント　87
電子分極　97
電磁誘導雑音　49
天体望遠鏡　80
伝導帯　132
伝搬光　152
伝搬定数　109
伝搬モード　154

等位相面　13
透過係数　40, 62
透過率　40, 61
特性インピーダンス　52
ド・ブロイの関係　21

な行
二軸結晶　105
入射角　4, 58
入射面　58

ヌーマチックセル　143

熱雑音　140
熱励起　117
熱励起関数　113

は行
配向分極　97
波束　18
波長フィルタ　167
波長分散　161
波長変換　176
発振　124
波動方程式　20
波面収差　77
波面制御素子　82
波面変換　74
パラメトリック発振　107
バルマー系列　122
反射角　58
反射係数　40, 61
反射面　58
反射率　4, 40, 61
搬送波　160
半導体レーザ　9

光 IC　9
光カー効果　107
光起電力　4
光吸収　117
光スイッチ　167, 174
光増幅器　119
光配線　9
光ビーム　4
光ファイバ　9, 149
比屈折率差　150
非線形材料　8
比電気感受率　87
非点収差　78
非発光再結合　117
比誘電率テンソル　102
ピンホール　4

ファイバアンプ　120
フェルマーの原理　73
フォトコンダクタンス　144
フォトダイオード　144

索引

は行（続き）

フォトニック結晶　9, 171
フォトン　112
フォトンカウント法　144
複屈折　102
複素アドミタンス　94
複素屈折率　92
フラウンホーファー近似　33
フラウンホーファー積分　33
プリフォームロッド　159
ブルースター角　5, 65
フレネル近似　33
フレネル数　33
フレネル積分　33
フレネル反射　61
フレネルレンズ　82
分岐　164
分散補償ファイバ　120

平板導波路　149
平面波　13
ヘルムホルツの定理　47
偏光　5, 56
偏光フィルタ　5
変分法　73

ホイヘンスの原理　22
ポインティングベクトル　53
方向性結合器　167
放射感度　139
放射光　152
放射モード　156
包絡関数　18
ポッケルス効果　107
ボルツマン–ガウス分布関数　112
ボロメータ　143

ま行

マイクロキャビティーレーザ　172
マイクロベンディング　160
マクスウェルの方程式　44
曲げ損失　160
ミラー損失　128
虫眼鏡　80
明視距離　80
メモリ効果　172
メリジオナル面　78
毛様体　80
モード結合理論　168

や行

誘導放出　117
横緩和　118
横波　46
横倍率　77

ら行

利得　119
利得係数　127
量子効率　139
量子雑音　141
臨界角　64
レイリー散乱　159
レンズの曲率半径　74
レンズの焦点　5
ローレンツ振動子-モデル　98
ローレンツモデル　90

英数字

1次の比電気感受率　26
2階のテンソル　103
2次高調波　106
2次の非線形比電気感受率　106
2次の比電気感受率　26
3次高調波　106
3次の非線形比電気感受率　106
3次の比電気感受率　26
4波混合　107
APD　145
CVD法　159
E波　104
Fナンバー　77
He-Neレーザ　4
k選択則　98
O波　104
PD　144
pinフォトダイオード　145
pn接合　144
P波　58
Qスイッチ　127
S–1光電面　143
SN比　139
SOA　120
SORゲート　175
S波　58
TE波　156
TM波　156
V値　157

著者略歴

森木 一紀（もりき かずのり）

1982年3月　東京工業大学総合理工学研究科博士課程修了（工学博士）
1985年4月　武蔵工業大学工学部講師
現　　在　　東京都市大学工学部准教授

電気・電子工学ライブラリ＝UKE–B5
光工学入門

2015年4月25日 ⓒ　　　　初 版 発 行

著　者　森木一紀　　　発行者　矢沢和俊
　　　　　　　　　　　印刷者　林　初彦

【発行】　　株式会社　数 理 工 学 社
〒151-0051　東京都渋谷区千駄ヶ谷1丁目3番25号
編集　☎ (03)5474–8661（代）　サイエンスビル

【発売】　　株式会社　サ イ エ ン ス 社
〒151-0051　東京都渋谷区千駄ヶ谷1丁目3番25号
営業　☎ (03)5474–8500（代）　振替 00170–7–2387
FAX　☎ (03)5474–8900

印刷・製本　太洋社
《検印省略》

本書の内容を無断で複写複製することは，著作者および出版社の権利を侵害することがありますので，その場合にはあらかじめ小社あて許諾をお求め下さい．

ISBN978–4–86481–028–9
PRINTED IN JAPAN

サイエンス社・数理工学社の
ホームページのご案内
http://www.saiensu.co.jp
ご意見・ご要望は
suuri@saiensu.co.jp まで．